龙马高新教育

◎ 编著

Windows 11

使用方法与技巧

从入门到精通

北京大学出版社

PEKING UNIVERSITY PRESS

内 容 提 要

本书通过精选案例引导读者深入学习，系统地介绍了 Windows 11 操作系统的相关知识和应用方法。

本书分为 3 篇，共 14 章。第 1 篇为"快速入门篇"，主要介绍轻松掌握 Windows 11 操作系统、个性化设置操作系统、输入法的认识和使用、管理电脑中的文件资源及软件的安装与管理等；第 2 篇为"网络应用篇"，主要介绍网络的连接与设置、开启网络之旅、网络休闲生活、多媒体和网络游戏及网络沟通和交流等；第 3 篇为"系统优化篇"，主要介绍电脑的优化与维护、升级与安装 Windows 11 操作系统、系统备份与还原等。

本书不仅适合电脑初级、中级用户学习，也可以作为各类院校相关专业学生和电脑培训班学员的教材或辅导用书。

图书在版编目（ＣＩＰ）数据

Windows 11 使用方法与技巧从入门到精通 / 龙马高新教育编著 . — 北京：北京大学出版社，2022.3

ISBN 978–7–301–32893–4

Ⅰ . ① W… Ⅱ . ① 龙… Ⅲ . ① Windows 操作系统 Ⅳ . ① TP316.7

中国版本图书馆 CIP 数据核字 (2022) 第 032499 号

书　　　名	Windows 11 使用方法与技巧从入门到精通
	Windows 11 SHIYONG FANGFA YU JIQIAO CONG RUMEN DAO JINGTONG
著作责任者	龙马高新教育　编著
责 任 编 辑	王继伟　刘羽昭
标 准 书 号	ISBN 978–7–301–32893–4
出 版 发 行	北京大学出版社
地　　　址	北京市海淀区成府路 205 号　100871
网　　　址	http://www. pup. cn　新浪微博：@ 北京大学出版社
电 子 信 箱	pup7@ pup. cn
电　　　话	邮购部 010–62752015　发行部 010–62750672　编辑部 010–62570390
印 刷 者	三河市博文印刷有限公司
经 销 者	新华书店
	787 毫米 ×1092 毫米　16 开本　18.25 印张　455 千字
	2022 年 3 月第 1 版　2023 年 1 月第 2 次印刷
印　　　数	4001–7000 册
定　　　价	79.00 元

前言

Windows 11 很神秘吗?

不神秘!

学习 Windows 11 难吗?

不难!

阅读本书能掌握 Windows 11 的使用方法吗?

能!

为什么要阅读本书

如今,电脑已成为人们日常工作、学习和生活中必不可少的工具之一,它不仅大大地提高了工作效率,还给人们的生活带来了极大的便利。本书从实用的角度出发,结合实际应用案例,模拟真实的系统环境,介绍 Windows 11 操作系统的使用方法与技巧,旨在帮助读者全面、系统地掌握 Windows 11 操作系统的应用。

选择本书的 N 个理由

❶ 简单易学,案例为主

以案例为主线,贯穿知识点,实操性强,与读者的需求紧密结合,模拟真实的工作与学习环境,帮助读者解决在工作中遇到的问题。

❷ 高手支招,高效实用

本书的"高手支招"板块提供了大量的实用技巧,既能满足读者的阅读需求,也能解决在工作、学习中遇到的一些常见问题。

❸ 举一反三,巩固提高

本书的"举一反三"板块提供了与章节知识点有关或类型相似的综合案例,帮助读者巩固和提高所学内容。

❹ 海量资源,实用至上

赠送大量实用的模板、实用技巧及学习辅助资料等,便于读者扩展学习。

 **配套资源**

❶ 9 小时名师指导视频

教学视频涵盖本书所有知识点,详细讲解每个案例的操作过程和关键点。读者可以更轻松地掌握 Windows 11 操作系统的使用方法和技巧,扩展性讲解部分可使读者获得更多的知识。

❷ 超多、超值资源大奉送

赠送本书同步教学视频、通过互联网获取学习资源和解题方法、办公类手机 App 索引、办公类网络资源索引、Office 2021 快捷键查询手册、电脑常见故障维护查询手册、电脑常用技巧查询手册、1000 个 Office 常用模板、高效能人士效率倍增手册、《手机办公 10 招就够》电子书、《微信高手技巧随身查》电子书、《QQ 高手技巧随身查》电子书、教学用 PPT 课件等超值资源,方便读者扩展学习。

配套资源下载

读者可以扫描下方二维码关注微信公众号,输入图书 77 页的资源下载码获取下载地址及密码,下载本书配套资源。

本书读者对象

1. 没有任何 Windows 11 操作基础的初学者。
2. 有一定电脑应用基础,想精通 Windows 11 操作系统的人员。
3. 有一定电脑应用基础,没有实战经验的人员。
4. 大专院校及培训学校的老师和学生。

创作者说

本书由龙马高新教育策划,孔长征任主编,为读者精心呈现。

读者读完本书后,如果惊奇地发现"我已经是 Windows 11 操作系统达人了",就是让编者最欣慰的结果。

在编写过程中,我们竭尽所能地为读者呈现最好、最全的实用功能,如有疏漏和不妥之处,敬请广大读者不吝指正。若读者在学习过程中产生疑问或有任何建议,可以通过 E-mail 与我们联系。

读者邮箱:2751801073@qq.com

投稿邮箱:pup7@pup.cn

C 目 录
ONTENTS

第 0 章 新手学 Windows 11 的最佳学习方法

电脑是办公中必不可少的工具，而操作系统是实现人和电脑交互的桥梁，因此，掌握操作系统的使用方法和技巧就显得尤为重要。Windows 11 操作系统是微软公司推出的最新一代跨平台及设备的操作系统，支持的设备包括台式电脑、平板电脑、手机和 Xbox 等。本章主要介绍新手学习 Windows 11 操作系统的方法与技巧。

第 1 篇 快速入门篇

第 1 章 快速入门——轻松掌握 Windows 11 操作系统

Windows 11 是由美国微软公司研发的跨平台、跨设备的操作系统，相较于 Windows 10，Windows 11 在界面和功能方面都有很大的改变。本章介绍 Windows 11 操作系统的基本操作。

第2章 个性定制——
个性化设置操作系统

　　作为新一代的操作系统，Windows 11 有着巨大的变革，不仅延续了 Windows 的传统，还带来了很多新的体验和更简洁的界面。本章主要介绍桌面的显示设置、桌面的个性化设置、账户的设置等。

第3章 电脑打字——
输入法的认识和使用

　　学会输入中文和英文是使用电脑办公的第一步。对于英文字符，只需要按键盘上的字母键即可输入，但中文不能像英文那样直接用键盘输入，需要使用字母和数字对汉字进行编码，然后通过输入编码得到所需汉字。本章主要介绍输入法的管理、拼音打字等。

第4章 文件管理——
管理电脑中的文件资源

电脑中的文件资源是 Windows 11 操作系统资源的重要组成部分，只有管理好电脑中的文件资源，才能很好地运用操作系统工作和学习。本章主要介绍在 Windows 11 中管理文件资源的基本操作。

 高手支招

第5章 程序管理——
软件的安装与管理

一台完整的电脑包括硬件和软件，软件是电脑的管家，用户需要借助软件来完成各项工作。在安装完操作系统后，用户首先要考虑的就是安装软件。通过安装各种类型的软件，可以大大提高电脑的工作效率。本章主要介绍软件的安装、升级、卸载等基本操作。

高手支招

第 2 篇 网络应用篇

第6章 电脑上网——
网络的连接与设置

互联网影响着人们生活和工作的方式，通过网络可以和千里之外的人进行交流。目前，联网的方式有很多种，主要的联网方式包括光纤宽带上网、小区宽带上网和无线上网等。

第 7 章　走进网络——开启网络之旅

近年来，计算机网络技术飞速发展，改变了人们学习和工作的方式。在网上查看信息、下载资源是用户上网时经常进行的活动。

第 8 章　便利生活——网络休闲生活

网络除了可以方便人们娱乐、下载资料等，还可以帮助人们查询生活信息，如查询日历、天气、地图、车票信息等。另外，网上购物、网上购票也给人们带来了便利。

第9章 影音娱乐——
多媒体和网络游戏

网络将人们带进了一个广阔的影音娱乐世界，丰富的网络资源为网络增加了无穷的魅力。用户可以在网络上找到自己喜欢的音乐、电影或网络游戏，并能充分体验音频与视频带来的听觉、视觉上的享受。

 高手支招

第 10 章 通信社交——
网络沟通和交流

目前网络通信社交工具有很多，常用的社交工具包括 QQ、微博、微信、电子邮箱等，本章将介绍这些社交工具的使用方法与技巧。

高手支招

第 3 篇　系统优化篇

第 11 章 安全优化——
电脑的优化与维护

随着电脑被使用的时间越来越长，电脑中被占用的空间也越来越多，用户需要及时优化和管理系统，包括电脑进程的管理与优化、电脑磁盘的管理与优化、清除系统中的垃圾文件、查杀病毒等，从而提高电脑的性能。本章将介绍电脑优化与维护的方法。

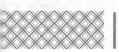
第 12 章　系统安装——升级与安装 Windows 11 操作系统

本章将介绍如何在电脑中安装 Windows 11 操作系统，包括确认电脑是否满足安装要求、Windows 11 的多种安装方法和安装后的工作等。

第 13 章　高手进阶—— 系统备份与还原

在电脑的使用过程中，可能会发生意外情况导致系统文件丢失。例如，系统遭受病毒和木马的攻击，导致系统文件丢失，或者有时不小心删除了系统文件等，都有可能导致系统崩溃或无法进入操作系统，这时用户就不得不重装系统。如果系统进行了备份，可以直接将其还原，以节省时间。本章将介绍如何对系统进行备份、还原和重装。

第 0 章

新手学 Windows 11 的最佳学习方法

📄 本章导读

电脑是办公中必不可少的工具，而操作系统是实现人和电脑交互的桥梁，因此，掌握操作系统的使用方法和技巧就显得尤为重要。Windows 11 操作系统是微软公司推出的最新一代跨平台及设备的操作系统，支持的设备包括台式电脑、平板电脑、手机和 Xbox 等。本章主要介绍新手学习 Windows 11 操作系统的方法与技巧。

🔵 思维导图

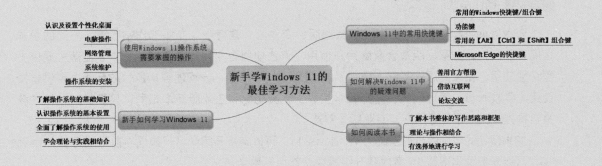

0.1　使用 Windows 11 操作系统需要掌握的操作

Windows 11 是微软公司发布的新一代操作系统，在 Windows 10 的基础上，对 UI 进行了全新升级、全面优化，使其更显简洁和年轻化。使用 Windows 11 需要掌握以下操作。

1.　认识及设置个性化桌面

认识 Windows 11 桌面的组成及基本操作和设置，是掌握 Windows 11 的关键，如掌握窗口的操作、"开始"菜单的操作、电脑显示设置、个性化设置及账户设置等。

2.　电脑操作

使用 Windows 11 需要掌握电脑的基本操作，如熟练打字、管理办公文件及文件夹、安装程序等。只有掌握电脑的基本操作，才能使工作、学习、娱乐井然有序。

3.　网络管理

连接网络是用户上网冲浪必不可少的操作，用户需要掌握网络连接与设置、浏览器的使用、通过网络搜索各类资源、多媒体的使用、社交软件的使用等操作。

4.　系统维护

系统维护是电脑办公高手必不可少的技能，掌握系统维护的操作可以提高电脑的运行速度并减少故障的发生，从而提高工作效率。

5.　操作系统的安装

Windows 11 包含多个版本，如家庭版、专业版、教育版、专业工作站版等，不同的版本之间存在区别，如家庭版适合家庭用户使用，无法使用企业管理和部署功能；专业版主要供小型企业使用，在家庭版的基础上增加了域、Bitlocker 加密、云管理等功能；教育版主要供学校使用（学校职员、管理人员、老师和学生等），其功能和企业版基本相同，只是针对学校或教育机构授权。对于普通用户，专业版是首选。

如果读者的电脑的当前系统为 Windows 11，可以直接开始学习；如果当前系统为 Windows 10，可以先参考本书第 12 章内容升级系统，然后开始学习。

0.2　新手如何学习 Windows 11

作为一名新手，在学习 Windows 11 操作系统的过程中，一定要有一个明确的学习思路，

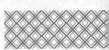

才能提高学习效率，在最短的时间内成为一名 Windows 11 操作系统使用高手。

　　首先，新手一定要先了解操作系统的基础知识。不少初学者在学习使用操作系统的过程中，会先拿着一本类似操作指南的资料去练习操作方法和技巧，如果需要了解 Windows 11 操作系统的新功能，以及如何安装或升级到 Windows 11 操作系统，仅靠书本上的知识，很难深刻理解如何使用操作系统。

　　其次，要认识操作系统的基本设置。通过对操作系统的基本设置的学习，用户可以根据需要定制个性化的桌面，并管理电脑中的文件及数据。

　　再次，要全面了解操作系统的使用方法。操作系统是人机交互的接口，因此，学习 Windows 11 操作系统需要全面掌握网络应用及系统优化的操作，这样才能使操作系统更好地为用户服务，满足用户工作、学习、休闲娱乐的需求。

　　最后，要学会将理论与实践相结合。学习 Windows 11 操作系统一定不能离开电脑，仅阅读学习资料是远远不够的，要有计划地进行上机操作，反复练习，才能提高 Windows 11 操作水平。

0.3　重点：快人一步——Windows 11 中的常用快捷键

Windows 11 中有很多快捷键，掌握 Windows 11 中的快捷键，可以提高操作效率。

1.　常用的 Windows 快捷键 / 组合键

快捷键 / 组合键	功能	功能描述
Windows	桌面操作	切换桌面与【开始】菜单
Windows+,	桌面操作	临时查看桌面
Windows+B	桌面操作	指针移至通知区域
Windows+Ctrl+D	桌面操作	创建新的虚拟桌面
Windows+Ctrl+F4	桌面操作	关闭当前虚拟桌面
Windows+Ctrl+ ← / →	桌面操作	切换虚拟桌面
Windows+D	桌面操作	显示桌面，第二次按键则恢复桌面（不恢复开始屏幕应用）
Windows+L	桌面操作	锁定 Windows 桌面
Windows+T	桌面操作	切换任务栏上的程序
Windows+P	窗口操作	修改投影模式
Windows+M	窗口操作	最小化所有窗口
Windows+Home	窗口操作	最小化非活动窗口
Windows+ ← / →	窗口操作	窗口分屏操作
Windows+A	打开功能	打开【快速设置】面板
Windows+C	打开功能	打开【聊天】窗口

（续表）

快捷键／组合键	功能	功能描述
Windows+E	打开功能	打开【此电脑】
Windows+H	打开功能	打开【听写】功能
Windows+I	打开功能	快速打开【设置】面板
Windows+K	打开功能	打开投放功能
Windows+N	打开功能	打开通知面板/月历面板
Windows+Q/S	打开功能	快速打开搜索框
Windows+R	打开功能	打开【运行】对话框
Windows+W	打开功能	打开【小组件】窗口
Windows+Tab	打开功能	打开任务视图
Windows+U	打开功能	打开【辅助功能】窗口
Windows+V	打开功能	打开【剪贴板】窗口
Windows+X	打开功能	打开"开始"快捷菜单
Windows+Z	打开功能	打开窗口布局
Windows+Space	输入法切换	切换输入语言和键盘布局
Windows+ −	放大镜操作	缩小（放大镜）
Windows+ +	放大镜操作	放大（放大镜）
Windows+Esc	放大镜操作	关闭（放大镜）

2. 功能键

快捷键	功能描述
Esc	撤销某项操作、退出当前环境或返回上级菜单
F1	搜索"在 Windows 11 中获取帮助"
F2	重命名选定项目
F3	搜索文件或文件夹
F4	在 Windows 资源管理器中显示地址栏列表
F5	刷新活动窗口
F6	在窗口中或桌面上循环切换屏幕元素

3. 常用的【Alt】【Ctrl】和【Shift】组合键

快捷键	功能描述
Alt+D	选择地址栏
Alt+Enter	显示所选项的属性
Alt+Esc	以项目的打开顺序循环切换项目

（续表）

快捷键	功能描述
Alt+F4	关闭活动项目或退出活动程序
Alt+P	显示 / 关闭预览窗格
Alt+Tab	切换桌面窗口
Alt+Space	为活动窗口打开控制菜单
Ctrl+A	选择文档或窗口中的所有项目
Ctrl+Alt+Tab	在打开的项目之间切换
Ctrl+D	删除所选项目并将其移动到"回收站"
Ctrl+E	选择搜索框
Ctrl+Esc	切换桌面与【开始】菜单
Ctrl+F	选择搜索框
Ctrl+F4	关闭活动文档
Ctrl+N	打开新窗口
Ctrl+Shift	在启用多个键盘布局时切换键盘布局
Ctrl+Shift+Esc	打开任务管理器
Ctrl+Shift+N	新建文件夹
Ctrl+Shift+Tab	切换到上一个选项卡
Ctrl+Tab	切换到下一个选项卡
Ctrl+W	关闭当前窗口
Ctrl+C	复制选择的项目
Ctrl+X	剪切选择的项目
Ctrl+V	粘贴选择的项目
Ctrl+Z	撤销操作
Ctrl+Y	重新执行操作
Ctrl+ 鼠标滚轮	更改桌面上的图标大小
Ctrl+ ↑	将光标移动到上一个段落的起始处
Ctrl+ ↓	将光标移动到下一个段落的起始处
Ctrl+ →	将光标移动到下一个字词的起始处
Ctrl+ ←	将光标移动到上一个字词的起始处
Shift+Tab	选择上一个选项
Shift+Delete	将所选项目永久删除
Shift+F10	打开项目的右键菜单

4. Microsoft Edge 的快捷键

快捷键	功能描述
Ctrl+0	重置页面缩放级别，恢复至 100%
Ctrl+1，2，3，…，8	切换到指定序号的标签
Ctrl+9	切换到最后一个标签
Ctrl+D	将当前页面添加到收藏夹
Ctrl+Shift+D	将所有标签页添加到收藏夹
Ctrl+Shift+O	打开收藏夹
Ctrl+E	在地址栏中执行搜索查询
Ctrl+F	在页面上进行查找
Ctrl+H	打开历史记录界面
Ctrl+J	打开下载列表界面
Ctrl+K	重复打开当前标签页
Ctrl+L/F4 或 Alt+D	选中地址栏中的内容
Ctrl+N	新建窗口
Ctrl+P	打印当前页面
Ctrl+R 或 F5	刷新当前页面
Ctrl+Shift+P	新建 InPrivate(隐私) 浏览窗口
Ctrl+Shift+Tab	切换到上一个标签页
Ctrl+Tab	切换到下一个标签页
Ctrl+T	新建标签页
Ctrl+M	将当前标签页设置为静音
Ctrl+W	关闭当前标签页
Ctrl+Shift+S	网页捕获
Ctrl+Shift+T	重新打开关闭的标签页
Ctrl+Shift+K	复制标签页
Ctrl+Shift+Y	打开集锦
Ctrl++	页面缩放比例增加 25%
Ctrl+-	页面缩放比例减少 25%
Ctrl+ 鼠标左键单击	在新标签页中打开链接
Ctrl+Shift+,	打开垂直标签页
Esc	停止加载页面
F12	打开开发人员工具

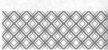

0.4 重点：如何解决 Windows 11 中的疑难问题

对于新手而言，在学习使用 Windows 11 操作系统的过程中，难免会遇到各种各样的疑难问题。只要有一套合理的解决思路，大部分疑难问题都可以被轻松解决。

1. 善用官方帮助

用户在操作过程中遇到问题时，可以在搜索框中输入问题或关键字，通过 Microsoft 和 Web 获取解答，如下图所示。

用户也可以使用【使用技巧】应用提供的使用技巧。单击任务栏中的【搜索】按钮🔍，打开【搜索】面板，输入"使用技巧"，即可打开【使用技巧】应用，如下图所示。

在【使用技巧】应用中，用户可以选择使用技巧的类别，在浏览使用技巧时，每个使用技巧都对应一个按钮，单击按钮即可查看内容。

用户还可以在"support.microsoft.com/windows"页面中查看更加复杂的问题的答案，浏览不同类别的支持内容，对熟练操作 Windows 11 有很大帮助。

2. 借助互联网

如果官方帮助中没有相关问题的解决方法，可以在互联网中查找。用户只需组织好关键词，即可通过百度搜索引擎找到相关问题的

解决方法。例如，当电脑没有声音时，在百度中搜索"电脑没有声音"，即可找到很多解决方法，如下图所示。

3. 论坛交流

用户可以在论坛中交流经验。有些问题出现的概率很低，网上没有相关的解决方法，此时用户可以在电脑学习相关论坛中将问题描述清楚，寻求电脑高手的帮助。

0.5　如何阅读本书

读者在阅读本书之前，需要先了解本书整体的写作思路和框架。本书首先介绍了 Windows 11 操作系统中最基础的知识，包括轻松掌握 Windows 11 操作系统、个性化设置操作系统、输入法的认识和使用、管理电脑中的文件资源、软件的安装与管理等；然后介绍了 Windows 11 中的网络应用，包括网络的连接与设置、开启网络之旅、网络休闲生活、多媒体和网络游戏、网络沟通和交流等；最后介绍了系统优化的方法和技巧，包括电脑的优化与维护、升级与安装 Windows 11 操作系统、系统备份与还原等。

如果读者没有了解过 Windows 11 操作系统的相关知识，建议读者从头开始学习，按照章节的规划一步步地学习，并跟随书中的案例进行实战练习，在实际操作过程中理解 Windows 11 操作系统的应用技能。

如果读者对 Windows 操作系统有一定的了解，但没有使用过 Windows 11 操作系统，建议读者有选择地进行学习，重点学习 Windows 11 操作系统的新功能，特别是在以往版本的操作系统的基础上改进的地方。最后希望读者掌握好系统优化和安全等方面的知识，尽快成为一名 Windows 11 操作系统高手。

第 **1** 篇

快速入门篇

第1章

快速入门——轻松掌握 Windows 11 操作系统

本章导读

Windows 11 是由美国微软公司研发的跨平台、跨设备的操作系统，相较于 Windows 10，Windows 11 在界面和功能方面都有很大的改变。本章介绍 Windows 11 操作系统的基本操作。

思维导图

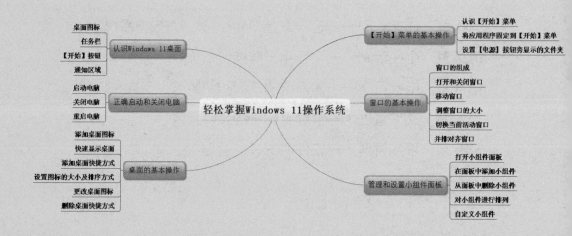

1.1 认识 Windows 11 桌面

电脑启动成功后，屏幕上显示的画面就是桌面，桌面上放置了不同的桌面图标，系统中的程序集中在【开始】菜单中。如下图所示为 Windows 11 桌面。

1. 桌面图标

桌面图标是各种文件、文件夹和应用程序等的桌面标志，图标下方的文字是该对象的名称，双击桌面图标可以打开该文件、文件夹或应用程序。初装 Windows 11 操作系统，桌面上只有"回收站"和"Microsoft Edge"两个桌面图标。

2. 任务栏

任务栏是一个长条形区域，位于桌面底部，默认包含了 8 个图标，在 Windows 11 操作系统中采用居中布局，当其他程序启动后，程序图标也会居中显示在任务栏中，如下图所示。如果不习惯居中布局，也可以在【设置】面板中将其设置为左对齐。

3. 【开始】按钮

单击任务栏中的【开始】按钮■或按键盘上的【Windows】键，即可打开【开始】菜单。Windows 11 中删除了动态磁贴，取而代之的是全新的、简化的图标及智能推荐项目列表，用户可以更快地找到应用，如下图所示。

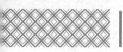
4. 通知区域

通知区域位于任务栏的右侧，其中包含一些程序图标，这些程序图标提供网络连接、声音等事项的状态和通知。安装新程序时，可以将新程序的图标添加到通知区域。通知区域如下图所示。

新安装的电脑的通知区域中已有一些图标，某些程序在安装过程中会自动将图标添加到通知区域。用户可以更改通知区域的图标和通知，对于某些特殊图标（也称为系统图标），还可以选择是否显示它们。

用户可以通过将图标拖曳到想要的位置，来更改图标在通知区域的顺序及隐藏图标的顺序。

另外，可以单击通知区域中的时间区域或按【Windows+N】组合键，打开通知中心，上方显示通知信息，底部为日历，如下图所示。

1.2 正确启动和关闭电脑

使用电脑前，首先应该学会启动和关闭电脑。作为初学者，需要了解启动电脑的顺序，以及在不同情况下采用的启动方式，还需要了解如何关闭电脑及在不同情况下关闭电脑的方式。

1.2.1 启动电脑

正常启动电脑是指在电脑尚未开启的情况下进行启动。启动电脑的正确顺序是：先打开电脑的显示器，然后打开主机的电源。启动电脑的具体操作步骤如下。

第1步 连通电源，打开显示器电源开关，然后按下主机电源键，电脑自检后，进入 Windows 加载界面，如下图所示。

第2步 加载完成后，即可进入如下图所示的锁屏界面。

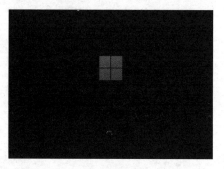

第3步 按键盘上的任意键进入登录界面，在文本框中输入密码，单击【提交】按钮→或按【Enter】键，如下图所示。

第 4 步
正常启动电脑后，即可看到 Windows 11 桌面，表示已经成功开机，如下图所示。

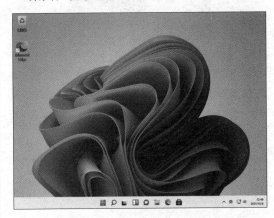

> **提示**
>
> 　如果在安装操作系统时没有设置开机密码，则不会进入该界面，直接进入电脑桌面。
>
> 　在输入登录密码时，密码以●图形显示，并在右侧显示 ⊘ 图标。如果用户要核对输入的密码，可以单击 ⊘ 图标，密码会以明文的形式显示出来，再次单击该图标则隐藏密码。

1.2.2 关闭电脑

　使用完电脑后，应当将其关闭。关闭电脑的顺序与开机顺序相反，应先关闭主机，再关闭显示器。关闭主机时不能直接按电源键关闭，用户需要在系统中进行操作。关闭电脑有以下 4 种常用方法。

方法一：通过【开始】菜单

第 1 步 单击任务栏中的【开始】按钮 ，在弹出的【开始】菜单中单击【电源】按钮 ⏻ ，在弹出的子菜单中单击【关机】命令，如下图所示。

第 2 步 此时，如无正在运行的程序，即可关闭电脑，如下图所示。

方法二：通过右击【开始】按钮

　右击【开始】按钮，在弹出的快捷菜单中单击【关机或注销】→【关机】命令，如下图所示。

方法三：使用【Alt+F4】组合键

在关机前关闭所有应用程序，然后按【Alt+F4】组合键快速调出【关闭 Windows】对话框，单击【确定】按钮或按【Enter】键即可关机，如下图所示。

方法四：在死机时关机

当电脑在使用过程中出现了蓝屏、花屏、死机等非正常现象时，就无法按照正常关闭电脑的方法来关机了。此时应先重新启动电脑（见 1.2.3 节），若无法解决，再进行复位启动，如果复位启动还是无法解决，则只能进行强制关机。强制关机的方法是：先按住主机机箱上的电源键 3~5 秒，待主机电源关闭后，再关闭显示器的电源开关。

电脑主机关闭后，用户可以根据需要选择是否关闭显示器。如果长时间不使用电脑，建议关闭显示器并关闭总电源；如果经常使用电脑，则可以视个人习惯决定，关闭显示器可以减少耗电，不关闭则可以省去打开显示器的流程。

1.2.3 重启电脑

在使用电脑的过程中，如果安装了某些应用程序或对电脑进行了新的配置，经常会被要求重新启动电脑。重启电脑的具体操作步骤如下。

第1步 单击所有打开的应用程序窗口右上角的【关闭】按钮，退出正在运行的程序。

第2步 单击任务栏中的【开始】按钮 ，在弹出的【开始】菜单中单击【电源】按钮 ，在弹出的子菜单中单击【重启】命令，如下图所示。

| 提示 | ::::::::

> 如果电脑主机上有【重启】按钮，在出现蓝屏、花屏、死机等非正常现象时，也可以强制重启。

1.3 桌面的基本操作

在 Windows 操作系统中，所有的文件、文件夹及应用程序都以形象的图标显示，桌面上的图标被称为桌面图标，双击桌面图标可以快速打开相应的文件、文件夹或应用程序。

1.3.1 添加桌面图标

刚安装好 Windows 11 操作系统时，桌面上只有【回收站】和【Microsoft Edge】两个桌面图标，用户可以在桌面上添加【网络】和【控制面板】等图标，具体操作步骤如下。

第1步 右击桌面空白处，在弹出的快捷菜单中单击【个性化】选项，如下图所示。

第2步 弹出【设置－个性化】面板，单击【主题】选项，如下图所示。

第3步 在【主题】界面的【相关设置】区域中，单击【桌面图标设置】选项，如下图所示。

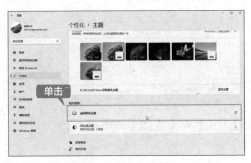

第4步 弹出【桌面图标设置】对话框，在其中勾选需要添加的桌面图标复选框，然后单击【确定】按钮，如下图所示。

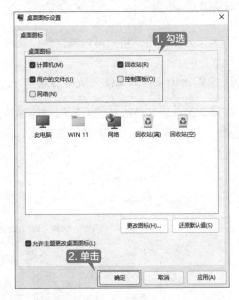

第5步 返回桌面，即可看到添加的桌面图标，如下图所示。

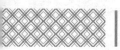

1.3.2 快速显示桌面

当打开了多个程序或窗口时，如果要返回桌面，需要将所有程序或窗口关闭或最小化，那么如何快速显示桌面呢？下面介绍 3 种常用的方法。

方法一：右击【开始】按钮■，在弹出的菜单中单击【桌面】命令，即可快速显示桌面，如下图所示。

方法二：单击任务栏最右侧的【显示桌面】按钮，即可快速显示桌面，如下图所示。

方法三：按【Windows+D】组合键，即可快速显示桌面。

1.3.3 添加桌面快捷方式

为了方便使用，用户可以将文件、文件夹或应用程序的快捷方式添加到桌面上。

1. 添加文件或文件夹快捷方式

添加文件或文件夹快捷方式的具体操作步骤如下。

第1步 右击需要添加快捷方式的文件夹，在弹出的快捷菜单中单击【显示更多选项】命令，如下图所示。

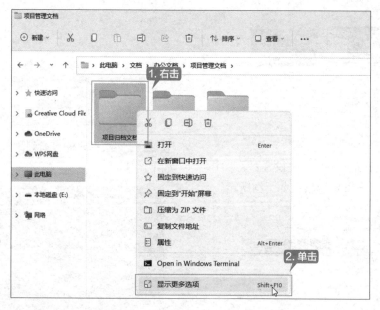

第2步 在展开的选项中，单击【发送到】→【桌面快捷方式】命令，如下图所示。

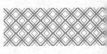

第3步 文件夹快捷方式即会被添加到桌面，如下图所示。

2. 添加应用程序桌面快捷方式

用户也可以将应用程序的快捷方式添加到桌面上，具体操作步骤如下。

第1步 单击【开始】按钮 ，打开【开始】菜单，单击【所有应用】按钮，如下图所示。

第2步 打开【所有应用】列表，右击需要添加桌面快捷方式的应用程序，在弹出的快捷菜单中，单击【更多】→【打开文件位置】选项，如下图所示。

第3步 在打开的文件夹中，右击应用程序图标，在弹出的快捷菜单中，单击【发送到】→【桌面快捷方式】选项，如下图所示。

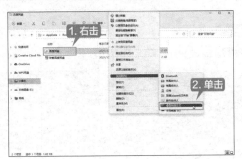

> **提示**
>
> 　用户可以在"C:\ProgramData\Microsoft\Windows\Start Menu\Programs"路径下，查看所有应用程序图标，并进行发送操作。

第4步 返回桌面，可以看到桌面上已经添加了选定应用程序的快捷方式，如下图所示。

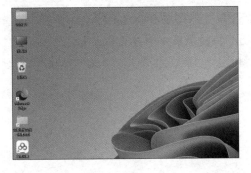

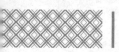

1.3.4 设置图标的大小及排序方式

　　如果桌面上的图标比较多，会显得很乱，这时可以通过设置桌面图标的大小和排序方式来整理桌面，具体操作步骤如下。

第1步 右击桌面空白处，在弹出的快捷菜单中选择【查看】选项，展开的子菜单中显示了 3 种图标大小，分别为大图标、中等图标和小图标，本例选择【小图标】选项，如下图所示。

第2步 返回桌面，此时桌面图标已经以小图标的形式显示，如下图所示。

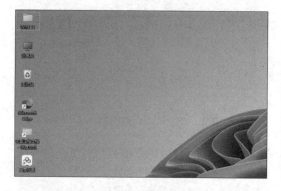

第3步 右击桌面空白处，在弹出的快捷菜单中选择【排序方式】选项，展开的子菜单中有 4 种排序方式，分别为名称、大小、项目类型和修改日期，本例选择【项目类型】选项，如下图所示。

第4步 返回桌面，此时桌面图标已经按【项目类型】的方式进行排序，如下图所示。

1.3.5 更改桌面图标

　　用户可以根据需要更改桌面图标的名称和样式等，具体操作步骤如下。

第1步 右击需要更改名称的桌面图标，在弹出的快捷菜单中单击【重命名】选项，如下图所示。

第 2 步 进入图标名称的编辑状态,直接输入新名称,如下图所示。

第 3 步 按【Enter】键确认即可完成重命名,如下图所示。

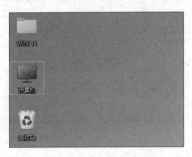

第 4 步 打开【桌面图标设置】对话框,选择要更改图标样式的桌面图标,本例选择【计算机】图标,然后单击【更改图标】按钮,如下图所示。

第 5 步 弹出【更改图标】对话框,在【从以下列表中选择一个图标】列表框中选择一个自己喜欢的图标,然后单击【确定】按钮,如下图所示。

第 6 步 返回【桌面图标设置】对话框,单击【确定】按钮,如下图所示。

提示

要将更改的图标恢复到初始图标,可以在该对话框中单击【还原默认值】按钮。

第 7 步 返回桌面,可以看到【计算机】图标已经发生了变化,如下图所示。

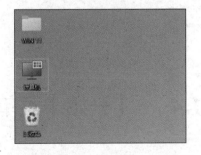

提示

更改【主题】,也会改变图标的样式。

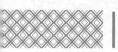
1.3.6 删除桌面快捷方式

用户可以将桌面上不常用的快捷方式删除，使桌面看起来更简洁、美观。

1. 使用【删除】命令

使用【删除】命令删除快捷方式的具体操作步骤如下。

第1步 右击桌面上需要删除的快捷方式，在弹出的快捷菜单中单击【删除】按钮🗑，如下图所示。

第2步 删除的快捷方式会被放置在【回收站】中，用户还可以将其还原，如下图所示。

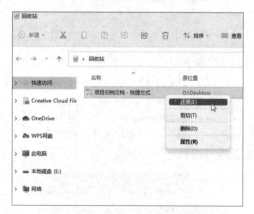

2. 利用快捷键

选择需要删除的桌面快捷方式，按【Delete】键，即可将其删除。如果要彻底删除桌面快捷方式，则按【Shift+Delete】组合键，此时会弹出【删除快捷方式】对话框，提示"你确定要永久删除此快捷方式吗？"，单击【是】按钮，如下图所示。

3. 直接拖曳到【回收站】中

选择要删除的桌面快捷方式，直接按住鼠标左键将其拖曳至【回收站】图标上，即可从桌面删除该快捷方式，如下图所示。

1.4 【开始】菜单的基本操作

【开始】菜单是 Windows 11 操作系统的中央控制区域，默认状态下，【开始】按钮位于任务栏的中间位置，图标为 Windows 的 Logo。【开始】菜单中存放了用于操作系统或设置系统的

绝大多数命令，还包含了所有应用程序列表、推荐的项目列表及账户、电源按钮。本节将介绍【开始】菜单的基本操作。

1.4.1 认识【开始】菜单

单击任务栏中的【开始】按钮██，即可打开【开始】菜单。【开始】菜单中包含搜索框、【已固定】程序列表、【所有应用】按钮、【推荐的项目】列表、【用户】按钮及【电源】按钮，如下图所示。

1. 搜索框

单击搜索框，即可在其中输入关键词，搜索相关的应用、文档、网页等，如下图所示。

2. 【已固定】程序列表和【所有应用】按钮

【已固定】程序列表中，固定了常用的程序图标，如 Edge、邮件、日历、Microsoft Store、照片等，单击程序图标，即可启动程序。

单击【所有应用】按钮，即可打开【所有应用】列表，其中显示了电脑中所有已安装的应用程序，滚动鼠标滚轮或拖动滑块即可浏览列表，如下图所示。

3. 【推荐的项目】列表

【推荐的项目】列表中显示了最近添加的程序、文档等，列表中最多显示 6 个项目，当项目超过 6 个时，右侧会显示【更多】按钮 更多 〉，单击该按钮即可展开【推荐的项目】列表，如下图所示。

4. 【用户】按钮

单击【用户】按钮 ，会弹出如下图所示的菜单，可以进行更改账户设置、锁定及注销操作。

5. 【电源】按钮

【电源】按钮 ⏻ 主要用于对电脑进行关闭操作，包括【睡眠】【关机】【重启】3个选项，如下图所示。

1.4.2 重点：将应用程序固定到【开始】菜单

在 Windows 11 操作系统中，用户可以将常用的应用程序或文档固定到【开始】菜单中，以便快速查找与打开。将应用程序固定到【开始】菜单的具体操作步骤如下。

第1步 打开所有应用列表，找到需要固定到【开始】菜单中的应用程序图标，然后右击该应用程序图标，在弹出的快捷菜单中单击【固定到"开始"屏幕】选项，如下图所示。

第2步 该应用程序即会被固定到【开始】菜单中，如下图所示。

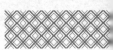

第3步 如果要将某个应用程序从【开始】菜单中取消固定，可以右击该应用程序图标，在弹出的快捷菜单中单击【从"开始"屏幕取消固定】选项，如下图所示。

第4步 右击应用程序图标，在弹出的快捷菜单中单击【移到顶部】选项，可以将该应用程序图标移到首位，如下图所示。

1.4.3 设置【电源】按钮旁显示的文件夹

【开始】菜单下方默认只有【用户】和【电源】按钮，用户可以根据需要添加更多按钮，具体操作步骤如下。

第1步 单击【开始】菜单中的【设置】按钮或按【Windows+I】组合键，打开【设置】面板，如下图所示。

第2步 单击【设置】面板左侧的【个性化】选项卡，然后单击【开始】选项，如下图所示。

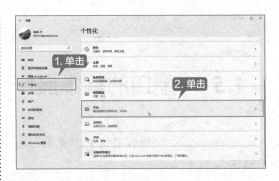

第3步 进入【开始】界面，单击【文件夹】选项，如下图所示。

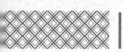
第4步 进入【文件夹】界面，即可看到其中的 9 个选项的开关按钮，用户可以根据需要选择要在【电源】按钮旁显示的文件夹，如下图所示。

第5步 将【文档】【下载】【音乐】的开关按钮设置为【开】，如下图所示。

第6步 按【Windows】键，打开【开始】菜单，即可看到【电源】按钮旁显示的【文档】【下载】【音乐】文件夹，如下图所示。

1.5 窗口的基本操作

在 Windows 11 操作系统中，窗口是用户界面最重要的组成部分，对窗口的操作是最基本的操作。

1.5.1 窗口的组成

在 Windows 11 操作系统中，屏幕被划分为许多框，即为窗口。窗口是屏幕上与一个应用程序相对应的矩形区域，是用户与该窗口对应的应用程序之间的可视界面。每个窗口负责显示和处理某一类信息，用户可以在任意窗口中工作，并在各窗口间交换信息。操作系统中有专门的窗口管理软件来管理窗口操作。

如下图所示为【此电脑】窗口，由标题栏、菜单栏、地址栏、快速访问工具栏、导航窗格、内容窗口、搜索栏、控制按钮区、视图按钮和状态栏等部分组成。

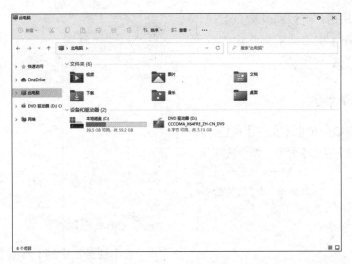

　　每当用户开始运行一个应用程序时，应用程序就会创建并显示一个窗口；当用户操作窗口中的对象时，应用程序会作出相应的反应。用户可以通过关闭一个窗口来终止一个应用程序的运行；通过选择应用程序窗口来操作相应的应用程序。

1.5.2 打开和关闭窗口

　　打开窗口的常见方法有两种，分别是利用【开始】菜单和桌面快捷方式。下面以打开【画图】窗口为例，介绍如何利用【开始】菜单打开窗口，具体操作步骤如下。

第1步 单击【开始】按钮 ，打开【开始】菜单，单击【所有应用】按钮，如下图所示。

第2步 在所有应用列表中，单击【画图】应用，如下图所示。

第3步 即可打开【画图】窗口，如下图所示。

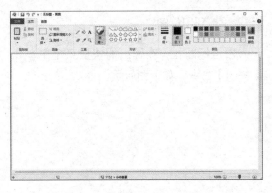

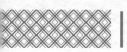

应用使用完毕后，可以将其窗口关闭。下面以关闭【画图】窗口为例，介绍常见的几种关闭窗口的方法。

1. 利用菜单命令

在【画图】窗口中单击【文件】按钮，在弹出的菜单中单击【退出】命令，如下图所示。

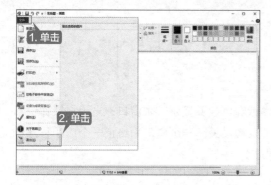

2. 利用【关闭】按钮

单击【画图】窗口右上角的【关闭】按钮 ✕ ，如下图所示。

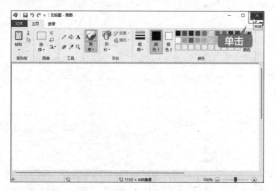

3. 利用标题栏

右击标题栏，在弹出的快捷菜单中单击【关闭】命令，如下图所示。

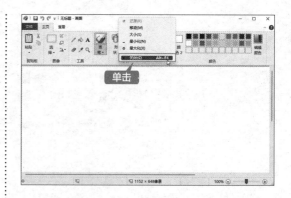

4. 利用任务栏

右击任务栏中的【画图】应用图标，在弹出的快捷菜单中单击【关闭所有窗口】命令，如下图所示。

5. 利用应用图标

单击【画图】窗口左上角的应用图标，在弹出的快捷菜单中单击【关闭】命令，如下图所示。

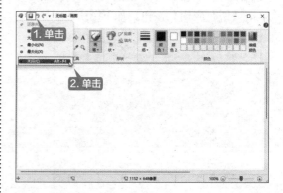

6. 利用键盘组合键

在【画图】窗口中按【Alt+F4】组合键，即可关闭窗口。

1.5.3 移动窗口

在 Windows 11 操作系统中，如果打开了多个窗口，会出现多个窗口重叠的情况。用户可以将窗口移动到合适的位置，具体操作步骤如下。

第1步 将鼠标指针放置在需要移动的窗口的标题栏上，此时鼠标指针为 ⍉ 形状，如下图所示。

第2步 按住鼠标左键，将窗口拖曳到目标位置，释放鼠标即可完成窗口位置的移动，如下图所示。

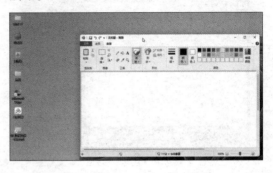

1.5.4 调整窗口的大小

默认情况下，新打开的窗口的大小和上次关闭时的大小一样，用户可以根据需要调整窗口的大小。下面以调整【画图】窗口为例，介绍调整窗口大小的方法。

1. 利用窗口按钮调整

【画图】窗口右上角包括【最小化】【最大化／向下还原】2个调整按钮。单击【最大化】按钮 ▢，【画图】窗口将扩展到整个屏幕，显示所有的窗口内容，此时【最大化】按钮变为【向下还原】按钮 ❐，单击该按钮，即可将窗口还原到原来的大小。

单击【最小化】按钮 －，【画图】窗口会最小化到任务栏，用户要想显示窗口，可以单击任务栏中的应用图标。窗口按钮如下图所示。

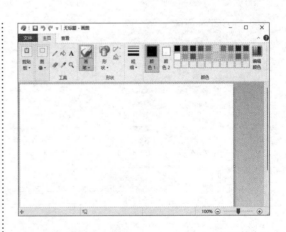

2. 手动调整

除了使用【最大化】和【最小化】按钮，还可以使用鼠标拖曳窗口的边框，自由调整窗口的大小。将鼠标指针移动到窗口的边框上，鼠标指针变为 ↕ 或 ↔ 形状时，可以上下或左右调整边框，纵向或横向改变窗口大小。将鼠标指针移动到窗口的四个角，鼠标指针

变为 🐾 或 🐾 形状时，可以同时沿水平和竖直两个方向放大或缩小窗口。

第1步 将鼠标指针放置在窗口右下角，鼠标指针变为 🐾 形状，如下图所示。

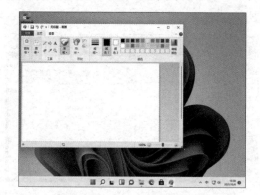

第2步 按住鼠标左键并拖曳，将窗口调整到合适的大小后释放鼠标即可，如下图所示。

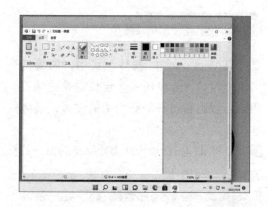

| 提示 |

调整窗口大小时，如果将窗口调整得太小，没有足够的空间显示窗格时，窗格中的内容就会自动隐藏起来，只需将窗口放大至合适大小即可正常显示。

3. 滚动条

调整窗口大小时，如果将窗口调整得太小，而窗口中的内容超出了当前窗口显示的范围，窗口右侧或底端会出现滚动条。当窗口可以显示所有的内容时，窗口中的滚动条则会消失，如下图所示。

向上滚动按钮：单击一下，向上滚动一列

滚动条

滑块：按住【滑块】拖曳，工作区中的内容也会跟着滚动

向下滚动按钮：单击一下，向下滚动一列

| 提示 |

当滑块很长时，表示当前窗口中隐藏的文件内容不多；当滑块很短时，则表示隐藏的文件内容很多。

1.5.5 重点：切换当前活动窗口

虽然在 Windows 11 操作系统中可以同时打开多个窗口，但是当前活动窗口只有一个，用户可以根据需要在各个窗口之间进行切换。

1. 利用任务栏

每个打开的应用程序在任务栏中都有一个对应的应用图标按钮。将鼠标指针放置在应用图标按钮上，会弹出该应用的预览窗口，单击预览窗口即可打开应用窗口，如下图所示。

如果应用程序有打开的窗口，任务栏中的图标下方会有短粗线标识 ；如果应用程序的窗口为活动窗口，图标下方会有蓝色的较长粗线标识 。

2. 利用【Alt+Tab】组合键

利用【Alt+Tab】组合键可以快速切换窗口。按【Alt+Tab】组合键弹出窗口缩略图后释放【Tab】键，按住【Alt】键，然后按【Tab】键即可在各窗口缩略图之间进行切换。选择需要的窗口缩略图后，释放按键，即可打开相应的窗口，如下图所示。

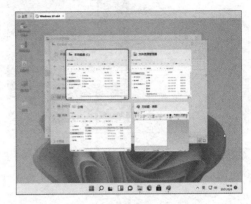

3. 利用【Alt+Esc】组合键

按【Alt+Esc】组合键，即可在各个应用程序窗口之间进行切换，系统会按照从左到右的顺序依次进行选择，这种方法和第二种方法相比，比较耗费时间。

1.5.6 新功能：并排对齐窗口

如果桌面上的窗口很多，逐个移动会比较麻烦，此时可以通过设置窗口的显示形式对窗口进行排列。下面介绍并排对齐窗口的具体操作步骤。

第1步 打开要调整的窗口，按住【Windows】键并按左右方向键，如按【Windows＋→】组合键，如下图所示。

第2步 当前窗口即会自动贴靠到屏幕右侧，无须手动调整大小或定位，如下图所示。

第3步 按【Windows+←】组合键，窗口则会自动贴靠到屏幕左侧，如下图所示。

第4步 在右侧屏幕中选择一个窗口，则两个窗口会并排对齐显示，如下图所示。

第5步 将鼠标指针放置在活动窗口的【最大化】按钮 □ 上，弹出贴靠布局，如下图所示。

提示

　　用户还可以按【Windows+Z】组合键，打开贴靠布局选项。

第6步 选择一种贴靠布局，并选择当前窗口所处的位置，如下图所示。

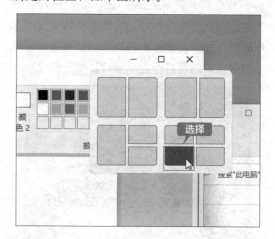

第7步 此时，即会显示所选的贴靠布局，如下图所示。

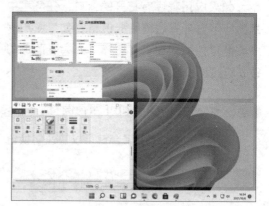

第8步 选择屏幕左上方要显示的窗口，如下图所示。

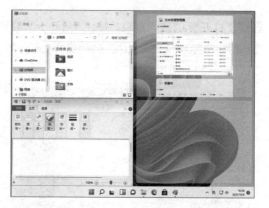

第9步 使用同样的方法，选择屏幕右侧要显示的两个窗口，如下图所示。

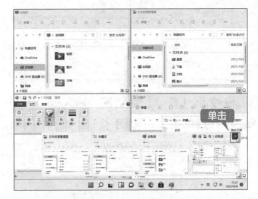

第 10 步 将鼠标指针移至任务栏中的 ▣ 图标上，即可看到预览窗口中的布局窗口，以"组"的形式显示。单击预览窗口右上角的【关闭】按钮，可将布局中的所有窗口关闭，如下图所示。

|提示|

也可以右击"组"预览窗口，在弹出的菜单中，单击【关闭组】命令，如下图所示。

1.6 管理和设置小组件面板

Windows 11 中的小组件功能取代了 Windows 10 中的动态磁贴功能，小组件基于 Edge 浏览器与 AI，用户可以利用小组件获取自己关心的新闻、天气变化及消息通知等，类似于手机的管理视图。另外，小组件具有出色的扩展性和交互性，用户可以自由编辑和添加更多的互动按钮。本节将介绍如何管理和设置小组件面板。

1.6.1 新功能：打开小组件面板

用户需要登录 Microsoft 账户，才能使用小组件，打开小组件面板的具体操作步骤如下。

第 1 步 单击任务栏中的【小组件】图标 ▣，即可打开小组件面板。如果电脑未登录 Microsoft 账户，则会提示"登录以使用小组件"，单击【登录】按钮，如下图所示。

第2步 弹出【登录】对话框，输入 Microsoft 账户，然后单击【下一步】按钮，如下图所示。

第3步 输入密码，然后单击【登录】按钮，如下图所示。

第4步 此时即可看到小组件面板，其中包含了多个小组件，如下图所示。

1.6.2 新功能：在面板中添加小组件

用户可以根据需要在面板中添加小组件，具体操作步骤如下。

第1步 按【Windows+W】组合键打开小组件面板，单击面板右上角的账户头像或面板中的【添加小组件】按钮，如下图所示。

第2步 弹出【小组件设置】控件，其中包含 8 个小组件。选择要添加的小组件，单击其右侧的 ⊕ 按钮，如下图所示。

第3步 此时右侧的 ➕ 按钮变为 ✅，单击【关闭浮出控件】按钮 ✖，如下图所示。

第4步 返回小组件面板，即可看到添加的小组件，如下图所示。

1.6.3 新功能：从面板中删除小组件

用户可以将不需要的小组件从面板中删除，具体操作步骤如下。

第1步 打开小组件面板，单击小组件右上角的【更多】按钮 ⋯，在弹出的快捷菜单中，单击【删除小组件】命令，如下图所示。

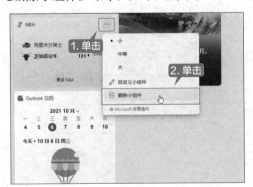

第2步 即可将该小组件从面板中删除，如下图所示。

1.6.4 新功能：对小组件进行排列

用户可以根据需要排列小组件的显示顺序，将经常使用的小组件排列到最上方，具体操作步骤如下。

第1步 打开小组件面板,将鼠标指针移至小组件上,此时鼠标指针变为 🖑 形状,如下图所示。

第2步 按住鼠标左键将小组件拖曳至目标位置,如下图所示。

第3步 调整其他小组件的位置,如下图所示。

第4步 另外,用户在排列小组件时,可以单击小组件右上角的【更多】按钮…,在弹出的快捷菜单中,设置小组件的大小,如下图所示。

1.6.5 新功能:自定义小组件

用户可以在小组件面板中自定义小组件,如自定义天气小组件的默认位置、添加监视股市行情等,具体操作步骤如下。

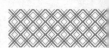

第1步 单击【Outlook 日历】小组件右上角的【更多】按钮···，在弹出的快捷菜单中，单击【自定义小组件】选项，如下图所示。

第2步 在【Outlook 日历】小组件上，单击【全部显示】，如下图所示。

第3步 在展开的列表中，勾选要显示的日历，然后单击【保存】按钮，如下图所示。

第4步 此时，即可看到自定义的小组件，如下图所示。

使用虚拟桌面高效管理工作

虚拟桌面也被称为多桌面，用户可以把应用程序放在不同的桌面上，从而让用户的工作更加有条理，如可以根据不同的项目、场景设置不同的桌面，也可以用不同的桌面区分工作和生活，如一个办公桌面、一个娱乐桌面。通过虚拟桌面功能，可以为一台电脑创建多个桌面，不同桌面间可以相互切换。下面介绍虚拟桌面的使用方法与技巧，最终的显示效果如下图所示。

创建虚拟桌面的具体操作步骤如下。

第1步 单击任务栏中的【任务视图】按钮 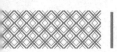，在弹出的浮框中单击【新建桌面】命令，如下图所示。

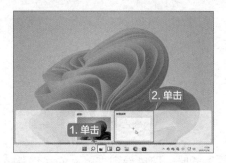

第2步 即可新建一个"桌面2"，如下图所示。

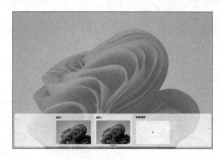

第3步 右击"桌面2"，在弹出的快捷菜单中单击【重命名】命令，如下图所示。

第4步 此时，桌面名称处于可编辑状态，输入"学习"，如下图所示。

第5步 使用同样的方法，将"桌面1"重命名为"工作"，单击"学习"桌面缩略图，如下图所示。

第6步 进入"学习"桌面，打开任意应用程序，如下图所示。

第7步 单击【任务视图】按钮 ，即可看到"学习"桌面中的应用程序窗口，如下图所示。

第8步 右击"学习"桌面中的任意一个窗口缩略图，在弹出的快捷菜单中单击【移动到】→【工作】命令，如下图所示。

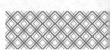

第9步 即可将"学习"桌面中选定的窗口移动到"工作"桌面中，如下图所示。

第10步 另外，用户还可以右击桌面缩略图，在弹出的快捷菜单中，单击【选择背景】选项，

设置不同的桌面背景以方便区分，效果如下图所示。

◇ **使用专注助手高效工作**

　　Windows 11 中的专注助手功能与手机中的免打扰模式类似，开启该功能后可以禁止所有通知提示，如系统和应用消息、邮件通知、社交信息等，帮助用户集中精力学习和工作。关闭该功能后，开启功能期间的通知都会重新显示，并优先显示重点通知，方便用户逐一处理。

第1步 按【Windows+N】组合键，打开通知中心，单击【专注助手设置】选项，如下图所示。

第2步 在打开的面板中，单击【专注助手】选项，可以看到【关】【仅优先通知】和【仅限闹钟】3 种模式，用户可以根据自己的需求进行选择，如下图所示。

第3步 如果选择【仅优先通知】模式，需要设置优先级列表，单击【自定义优先级列表】选项，可以设置呼叫、短信和提醒，人脉及应用的优先级列表，如下图所示。

◇ 定时关闭电脑

在使用电脑时，如果有事需要离开，而电脑中有重要的操作正在进行，如下载和上传文件，不能立即关闭电脑，但又不想长时间开机，可以使用定时关闭电脑功能。例如，要在 2 个小时后关闭电脑，可以执行以下操作。

第1步 按【Windows+R】组合键，弹出【运行】对话框，在【打开】文本框中输入"shutdown −s −t 7200"，单击【确定】按钮，如下图所示。

| 提示 |

　　"7200"为秒数，"shutdown‑s‑t 7200"表示在 7200 秒即 2 小时后执行关机操作，如果需要在 1 小时后关机，则命令为"shutdown‑s‑t 3600"。

第2步 桌面右下角即会弹出关机提醒，并显示关机时间，如下图所示。

第3步 如果要取消定时关机命令，可以再次打开【运行】对话框，输入"shutdown −a"，单击【确定】按钮，如下图所示。

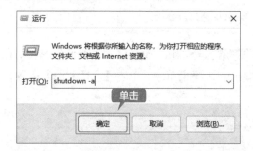

第4步 即可取消定时关机任务，并在桌面右下角弹出通知，提示"注销被取消"，如下图所示。

第2章
个性定制——个性化设置操作系统

本章导读

作为新一代的操作系统，Windows 11有着巨大的变革，不仅延续了Windows的传统，还带来了很多新的体验和更简洁的界面。本章主要介绍桌面的显示设置、桌面的个性化设置、账户的设置等。

思维导图

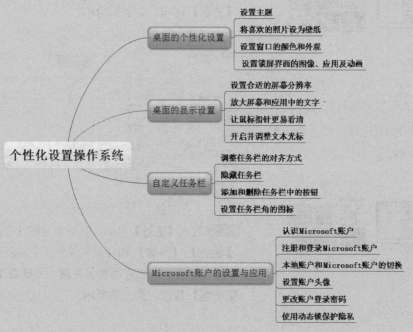

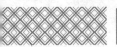

2.1 实战 1：桌面的个性化设置

用户可以对电脑的显示效果进行个性化设置，如设置主题、壁纸、窗口外观及锁屏界面等。

2.1.1 设置主题

主题是桌面背景图片、窗口颜色和声音的组合，用户可以对主题进行设置，具体操作步骤如下。

第1步 右击桌面空白处，在弹出的快捷菜单中单击【个性化】选项，如下图所示。

第2步 弹出【设置－个性化】面板，可以看到【选择要应用的主题】区域下包含了6个主题，单击要应用的主题，如下图所示。

第3步 此时，在左侧的预览区域中即可看到主题的效果，如下图所示。

第4步 按【Windows+D】组合键显示桌面，即可看到应用主题后的效果，如下图所示。

第5步 再次打开【设置－个性化】面板，单击【主题】选项，如下图所示。

第6步 进入【主题】界面，单击下方的【背景】【颜色】【声音】和【鼠标光标】选项可逐个更改设置。若想应用更多主题，可单击【浏览主题】按钮，如下图所示。

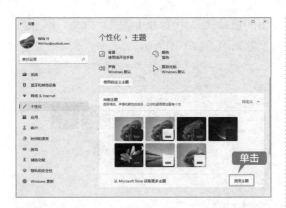

第 7 步 即可转入【Microsoft Store】应用的【主题】界面，其中有更多主题。选择喜欢的主题，如下图所示。

第 8 步 进入所选主题的界面，单击【获取】按钮，如下图所示。

> **┃提示┃**
>
> 如果要获取【Microsoft Store】中的主题，需要登录 Microsoft 账户，注册账户的具体方法详见本章的 2.4 节。

第 9 步 即可购买并下载该主题，如下图所示。

第 10 步 主题下载完成后，单击【打开】按钮，如下图所示。

第 11 步 该主题即可被添加到主题列表中，系统自动跳转到【主题】界面，显示主题的添加情况，如下图所示。

第 12 步 单击该主题，返回桌面即可看到应用后的效果，如下图所示。

第13步 如果要删除购买的主题，可以在【主题】界面中，右击要删除的主题，然后在弹

出的快捷菜单中单击【删除】命令，即可将主题删除，如下图所示。

2.1.2 将喜欢的照片设为壁纸

用户可以将桌面背景设为个人收集的图片、Windows 提供的图片、纯色或带有颜色框架的图片，或以幻灯片显示图片。设置桌面背景的具体操作步骤如下。

第1步 右击桌面空白处，在弹出的快捷菜单中单击【个性化】选项，如下图所示。

第2步 在弹出的【设置－个性化】面板中，单击【背景】选项，如下图所示。

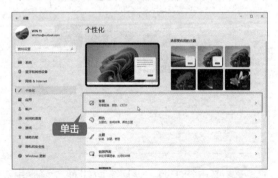

第3步 进入【背景】界面，用户可以在【最近使用的图像】区域中选择喜欢的背景图片，单

击即可预览并应用选择的图片，如下图所示。

第4步 用户还可以使用纯色背景。单击【个性化设置背景】右侧的下拉按钮，在弹出的下拉列表中可以选择背景的样式，包括图片、纯色和幻灯片放映，如下图所示。

第5步 如果选择【纯色】选项,可以在下方【选择你的背景色】区域中选择颜色,并在预览区域查看背景效果,如下图所示。

| 提示 |

如果希望自定义更多的颜色,可以单击【查看颜色】按钮,在弹出的【选取背景颜色】对话框中设置喜欢的颜色;也可以在对话框中,单击【更多】按钮,在文本框中输入要设置的颜色值,进行预览查看。设置完成后,单击【完成】按钮即可,如下图所示。

第6步 如果用户想以幻灯片的形式动态地显示背景,可以选择【幻灯片放映】选项,在下方区域中设置幻灯片的图片切换频率、图片顺序等,如下图所示。

第7步 如果用户希望将喜欢的图片作为背景,可以选择【图片】选项,然后单击【浏览照片】按钮,打开【打开】对话框,找到并选择喜欢的图片,单击【选择图片】按钮,即可应用该图片,如下图所示。

第8步 返回【背景】界面,可以在预览区域中查看背景效果,如下图所示。

| 提示 |

另外,用户也可以打开图片所在文件夹,选择图片后,单击功能区中的【设置为背景】按钮,将其设置为桌面背景,如下图所示。

2.1.3 设置窗口的颜色和外观

Windows 11 系统中自带丰富的主题颜色和各种效果，用户可以根据喜好进行设置，本节将介绍如何设置窗口的颜色和外观。

第1步 右击桌面空白处，在弹出的快捷菜单中单击【个性化】选项，如下图所示。

第2步 弹出【设置 – 个性化】面板，单击【颜色】选项，如下图所示。

第3步 进入【颜色】界面，可以在【Windows颜色】区域中选择喜欢的主题颜色，如下图所示。

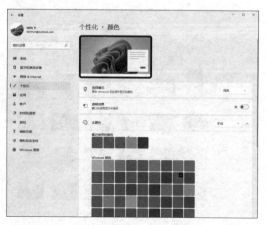

第4步 用户可以在【选择模式】右侧的下拉列表中，选择颜色模式，如选择【深色】模式，即可应用效果，如下图所示。

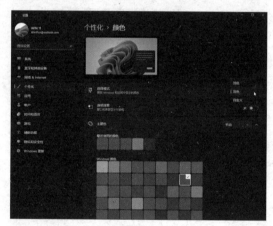

第5步 将【透明效果】右侧的开关设置为"开"，窗口和表面将显示半透明效果，如下图所示。

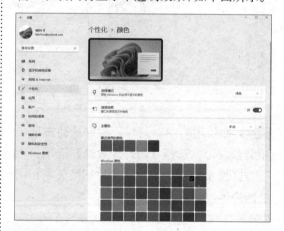

第6步 另外，用户也可以设置【在"开始"和任务栏上显示重点颜色】和【在标题栏和窗口边框上显示强调色】，其中【在"开始"和任务栏上显示重点颜色】在浅色模式下为不可选状态，在深色模式下可以开启，如下图所示。

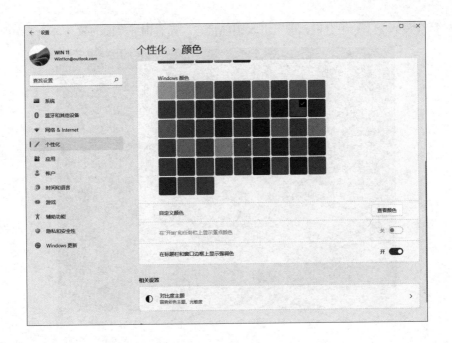

2.1.4 设置锁屏界面的图像、应用及动画

Windows 11 操作系统的锁屏功能主要用于保护电脑的隐私安全，还可以在不关机的情况下省电，锁屏时显示的图片被称为锁屏界面。设置锁屏界面的具体操作步骤如下。

第1步 右击桌面空白处，在弹出的快捷菜单中单击【个性化】选项，打开【设置－个性化】面板，在其中单击【锁屏界面】选项，如下图所示。

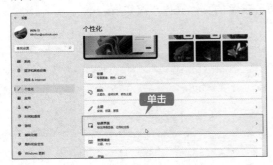

第2步 单击【个性化锁屏界面】右侧的下拉按钮，在弹出的下拉列表中可以设置用于锁屏的背景，包括 Windows 聚焦、图片和幻灯片放映 3 种类型，这里选择【Windows 聚焦】选项，可以在预览区域中查看新的锁屏界面效果，如下图所示。

第3步 用户可以选择应用在锁屏中显示详细状态，如天气、邮件和日历等，如下图所示。

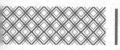

第4步 按【Windows+L】组合键，即可进入锁屏状态，查看锁屏界面的效果，如下图所示。

2.2 实战2：桌面的显示设置

除了对桌面进行个性化设置，用户还可以根据使用习惯，对桌面的显示效果进行设置，如设置分辨率，放大显示桌面文字、鼠标指针和光标的外观等。

2.2.1 重点：设置合适的屏幕分辨率

选择合适的屏幕分辨率，可以获得更好的显示效果，而选择与显示器不匹配的分辨率，则容易导致画面变形、文字模糊等。设置合适的屏幕分辨率的具体操作步骤如下。

第1步 右击桌面空白处，在弹出的快捷菜单中单击【显示设置】选项，如下图所示。

第2步 弹出【设置－系统－显示】面板，进入显示设置界面，如下图所示。

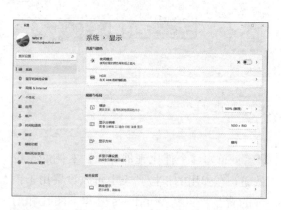

第3步 单击【显示分辨率】右侧的下拉按钮，在弹出的列表中选择合适的分辨率即可，如下图所示。

第4步 系统会提示用户是否保留显示设置，单击【保留更改】按钮，确认设置即可，如下图所示。

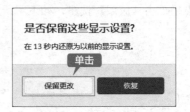

| 提示 |

　　更改屏幕分辨率会影响登录到此计算机上的所有用户。如果将显示器设置为其不支持的屏幕分辨率，那么屏幕在几秒内将变为黑色，显示器则还原至原始分辨率。

2.2.2 重点：放大屏幕和应用中的文字

调整显示设置可以让桌面字体变得更大，具体操作步骤如下。

第1步 右击桌面空白处，在弹出的快捷菜单中单击【显示设置】选项，如下图所示。

第2步 打开【设置－系统－显示】面板，单击【缩放】右侧的下拉按钮，系统默认缩放值为"100%"，如果要放大字体，可以选择"125%"，如下图所示。

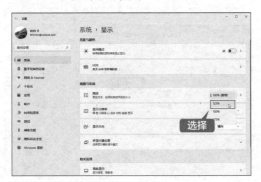

第3步 即可更改桌面字体的大小，如下图所示。

第4步 单击【缩放】选项，进入【自定义缩放】界面，单击【文本大小】选项，如下图所示。

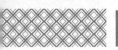

第5步 进入【文本大小】界面，向右拖曳【文本大小】右侧的滑块 ● 放大文字，可在【文本大小预览】区域中预览调整的文本大小效果，然后单击【应用】按钮，如下图所示。

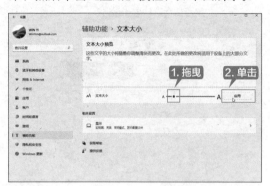

第6步 此时，屏幕会蓝屏并显示"请稍等"，完成后即可看到调整后的文本大小，如下图所示。

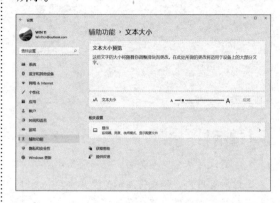

2.2.3 让鼠标指针更易看清

鼠标指针的默认形状为白色箭头，用户可以根据使用习惯，调整其样式及大小，具体操作步骤如下。

第1步 按【Windows+I】组合键，打开【设置】面板，单击【辅助功能】→【鼠标指针和触控】选项，如下图所示。

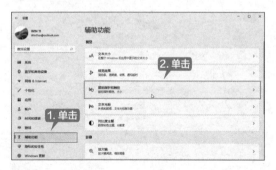

第2步 进入【鼠标指针和触控】界面，即可看到鼠标指针样式，如下图所示。

第3步 用户可以根据需要选择指针样式、颜色及大小，如下图所示。

第4步 如果设备是触屏笔记本或其他触屏设备，可勾选【使圆圈更深、更大】复选框，调整触控指示器，如下图所示。

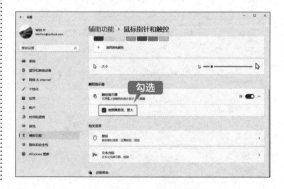

2.2.4 开启并调整文本光标

在使用电脑编辑文本时，有时会遇到光标很难定位或找不到光标的问题。在 Windows 11 中，可以开启文本光标指示器功能，使文本光标突出显示，具体操作步骤如下。

第1步 按【Windows+I】组合键，打开【设置】面板，单击【辅助功能】→【文本光标】选项，如下图所示。

第2步 进入【文本光标】界面，将【文本光标指示器】的开关设置为"开"开，如下图所示。

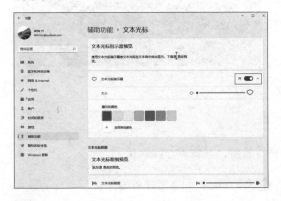

第3步 开启文本光标指示器后，用户可以设置文本光标的大小及颜色，如下图所示。

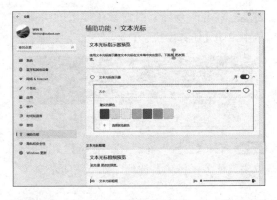

第4步 在【文本光标粗细】区域下，可以调整文本光标的粗细，如下图所示。

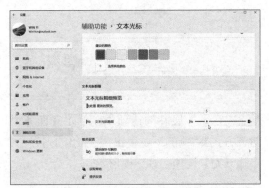

第5步 设置完毕后，在编辑文本时即可看到开启文本光标指示器的效果，如下图所示。

2.3 实战 3：自定义任务栏

用户在使用电脑的过程中，可以根据需要对任务栏进行自定义设置，如设置任务栏的位置和大小、在快速启动区中添加应用程序图标及任务栏上的通知区域等。

2.3.1 新功能：调整任务栏的对齐方式

任务栏的默认对齐方式为居中对齐，用户可以根据使用习惯将任务栏设置为左对齐，具体操作步骤如下。

第1步 右击任务栏空白处，在弹出的快捷菜单中单击【任务栏设置】选项，如下图所示。

第2步 打开【设置－个性化－任务栏】面板，单击【任务栏行为】选项，如下图所示。

第3步 在下方展开的选项中，单击【任务栏对齐方式】右侧的下拉按钮，在弹出的列表中，选择【左】选项，如下图所示。

第4步 即可将任务栏更改为居左对齐，如下图所示。

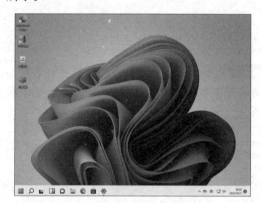

2.3.2 隐藏任务栏

如果用户不希望在桌面上显示任务栏，可以将其隐藏，具体操作步骤如下。

第1步 打开【设置－个性化－任务栏】面板，单击【任务栏行为】下拉按钮，勾选【自动隐藏任务栏】复选框，如下图所示。

第2步 此时，如果无任务操作，则会自动隐藏任务栏，如下图所示。当鼠标指针移至桌面底部时，则自动显示任务栏。

2.3.3 重点：添加和删除任务栏中的按钮

Windows 11 的任务栏在初始状态下，包含了开始、搜索、任务视图、小组件、聊天、文件资源管理器、Microsoft Edge 和 Microsoft Store 8 个按钮，用户可以根据使用习惯，将常用的按钮固定到任务栏中，不常用的则可以从任务栏中删除。

第 1 步 默认的 8 个按钮中，开始、搜索、任务视图及小组件按钮不可删除，只能将其取消显示；要删除其他 4 个按钮，可以右击按钮，在弹出的菜单中，单击【从任务栏取消固定】命令，如下图所示。

第 2 步 即可将其从任务栏中删除，如下图所示。

第 3 步 另外，在【设置－个性化－任务栏】面板的【任务栏项】区域下，可以将要取消显示的按钮的开关设置为"关"，如下图所示。

第 4 步 如果要在任务栏中固定应用图标，可以打开所有应用列表，右击需要固定到任务栏的应用图标，在弹出的快捷菜单中单击【更多】→【固定到任务栏】选项，如下图所示。

2.3.4 重点：设置任务栏角的图标

用户可以根据需要将任务栏角的图标显示或隐藏，具体操作步骤如下。

第 1 步 在【设置－个性化－任务栏】面板的【任务栏角溢出】区域中，可以看到电脑中正在运行的应用列表，如下图所示。

第 2 步 将应用右侧的开关设置为"开"后，该应用的图标即会显示在任务栏角上，如下图所示。

第 3 步 将应用右侧的开关设置为"关"后，单击【显示隐藏的图标】按钮^，即可看到隐藏的应用图标，如下图所示。

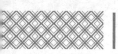

角拖曳至隐藏区域，也可以将隐藏区域中的应用图标拖曳至任务栏角，如下图所示。

第4步 另外，可以将应用图标直接从任务栏

2.4 实战 4：Microsoft 账户的设置与应用

Microsoft 账户适用于所有的 Microsoft 服务，登录 Microsoft 账户可以方便用户对电脑进行操作，本节将介绍 Microsoft 账户的设置与应用。

2.4.1 认识 Microsoft 账户

Microsoft 账户是免费且易于设置的系统账户，用户可以使用任何电子邮箱完成 Microsoft 账户的注册与登记操作。在使用 Microsoft 账户时，可以在设备上同步所需的一切内容，如 Office Online、Outlook、聊天、One Note、OneDrive、Microsoft Store 及账户数据安全等。

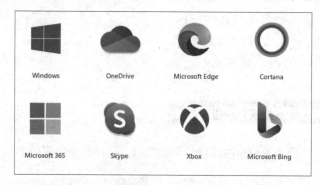

当用户使用 Microsoft 账户登录自己的电脑或其他设备时，可以从 Microsoft 应用商店中获取应用，使用免费云存储备份重要数据和文件，并使自己的所有常用内容，如设备、照片、好友、游戏、设置、音乐等，保持更新和同步。

2.4.2 注册和登录 Microsoft 账户

要想使用 Microsoft 账户管理设备，首先需要在设备上注册和登录 Microsoft 账户。注册和登录 Microsoft 账户的具体操作步骤如下。

第1步 按【Windows】键打开【开始】菜单，单击账户头像，在弹出的快捷菜单中，单击【更改账户设置】选项，如下图所示。

第2步 弹出【设置－账户－账户信息】面板，单击【改用 Microsoft 账户登录】选项，如下图所示。

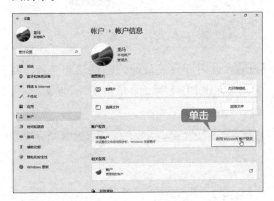

第3步 弹出【Microsoft 账户】对话框，如果有 Microsoft 账户，则输入账户，单击【下一步】按钮。如果没有 Microsoft 账户，则单击【没有账户？创建一个！】选项。这里单击【没有账户？创建一个！】选项，如下图所示。

第4步 进入【创建账户】界面，输入要用于注册 Microsoft 账户的邮箱账号，单击【下一步】按钮，如下图所示。

> |提示|::::::::::
>
> 用户也可以单击【改为使用电话号码】选项，使用手机号作为账户；如果没有邮箱，则可以单击【获取新的电子邮件地址】选项，注册 Outlook 邮箱。

第5步 进入【创建密码】界面，输入要使用的密码，并单击【下一步】按钮，如下图所示。

第6步 进入【你的名字是什么？】界面，设置【姓】和【名】，单击【下一步】按钮，如下图所示。

第7步 进入【你的出生日期是哪一天？】界面，设置出生日期信息，单击【下一步】按钮，如下图所示。

第8步 进入【验证电子邮件】界面，此时通过网页打开该电子邮箱，查看收件箱中收到的微软公司发来的安全验证码，在【输入代码】处输入验证码，单击【下一步】按钮，如下图所示。

第9步 进入【使用 Microsoft 账户登录此计算机】界面，输入当前的 Windows 密码，如未设置密码，则不填写，单击【下一步】按钮，如下图所示。

第10步 此时即可完成账户的创建和登录，并弹出【创建 PIN】界面，单击【下一步】按钮，如下图所示。

| 提示 |

　　Windows 密码需要至少 8 位字符，包含字母和数字，而 PIN 码是可以代替登录密码的一组字符，当用户登录到 Windows 及其应用和服务时，系统会要求用户输入 PIN 码，登录更为便捷。如果用户不希望设置 PIN 码，可直接单击对话框右上角的【关闭】按钮。

第11步 在弹出的【设置 PIN】界面中，输入新 PIN 码，并再次输入确认 PIN 码，单击【确定】按钮，如下图所示。

> **| 提示 |** ::::::::
>
> PIN 码最少为 4 位数字字符，如果要包含字母和符号，请勾选【包括字母和符号】复选框，最多支持 32 位字符。

第12步 设置完成后，即可在【账户信息】界面中看到登录的账户。为了保证用户账户的安全，需要对注册的邮箱或手机号进行验证，单击【验证】按钮，如下图所示。

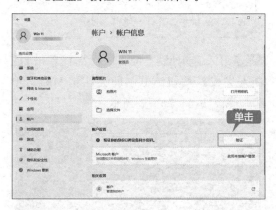

第13步 弹出【验证你的身份】界面，单击电子邮件选项，如下图所示。

第14步 进入【输入代码】界面，输入邮箱中收到的安全代码，单击【验证】按钮，如下图所示。

第15步 返回【账户信息】界面，即会看到【验证】按钮已消失，表示已完成验证，如下图所示。

> **| 提示 |** ::::::::
>
> Microsoft 账户注册成功后，再次登录电脑时，需输入 Microsoft 账户的密码。进入电脑桌面时，OneDrive 也会被激活。

2.4.3 重点：本地账户和 Microsoft 账户的切换

本地账户和 Microsoft 账户的切换包括两种情况，一种是 Microsoft 账户切换到本地账户，另一种是本地账户切换到 Microsoft 账户，下面分别进行介绍。

1. Microsoft 账户切换到本地账户

第1步 Microsoft 账户登录设备后，打开【设置－账户－账户信息】面板，单击【改用本地账户

登录】选项，如下图所示。

第2步 弹出【是否确定要切换到本地账户？】对话框，单击【下一页】按钮，如下图所示。

第3步 弹出【Windows 安全中心－确保是你本人】对话框，在其中输入 Microsoft 账户的登录密码，单击【确定】按钮，如下图所示。

第4步 进入【输入你的本地账户信息】界面，在其中输入本地账户的用户名、密码和密码提示等信息，单击【下一页】按钮，如下图所示。

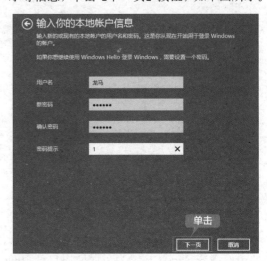

> **｜提示｜**
>
> 如果不希望设置登录密码，可以不填写密码，直接单击【下一页】按钮。

第5步 进入【切换到本地账户】界面，单击【注销并完成】按钮，电脑即会注销 Microsoft 账户完成切换，如下图所示。

> **｜提示｜**
>
> 在注销前，应确保电脑中的文档文件已保存并关闭。

2. **本地账户切换到 Microsoft 账户**

第1步 打开【账户信息】界面，单击【改用 Microsoft 账户登录】选项，如下图所示。

第2步 弹出【Microsoft-登录】对话框，输入 Microsoft 账户，单击【下一步】按钮，如下图所示。

第3步 进入【输入密码】界面，输入账户密码，并单击【登录】按钮，如下图所示。

第4步 进入【使用 Microsoft 账户登录此计算机】界面，输入本地账户的登录密码，单击【下一步】按钮，如下图所示。

第5步 返回【账户信息】界面，即可看到切换后的 Microsoft 账户信息，如果需要验证账户安全，单击【验证】按钮，进行验证即可，如下图所示。

2.4.4 设置账户头像

　　用户可以自行设置账户的头像。设置本地账户头像和 Microsoft 账户头像的方法相同，具体操作步骤如下。

第1步 打开【账户信息】界面，单击【调整照片】→【选择文件】右侧的【浏览文件】按钮，如下图所示。

第3步 返回【账户信息】界面，即可看到设置头像后的效果，如下图所示。

| 提示 |

单击【打开照相机】按钮，可以启动电脑上的摄像头进行拍摄并保存为头像。

第2步 打开【打开】对话框，在其中选择要作为头像的图片，单击【选择图片】按钮，如下图所示。

2.4.5 重点：更改账户登录密码

如果需要更改账户登录密码，可以按照以下步骤操作。

第1步 按【Windows+I】组合键打开【设置】面板，单击【账户】→【登录选项】选项，如下图所示。

| 提示 |

【登录选项】中的面部识别和指纹识别功能需要电脑的硬件支持，主要应用于笔记本电脑，用户根据提示执行开启操作即可，和开启 PIN 码的操作方法类似。

第2步 进入【登录选项】界面，单击【密码】选项下的【更改】按钮，如下图所示。

第3步 如果设置了 PIN 码，则会弹出【确保那是你】对话框，在其中输入 PIN 码，如下图所示。

第4步 进入【更改密码】界面，输入当前密码和新密码，单击【下一步】按钮，如下图所示。

第5步 即可完成 Microsoft 账户登录密码的更改操作，最后单击【完成】按钮，如下图所示。

2.4.6 使用动态锁保护隐私

动态锁通过电脑上的蓝牙功能和蓝牙设备（如手机、手环）配对，当离开电脑时带上蓝牙设备，走出蓝牙覆盖范围约 1 分钟后，电脑将会自动锁定。启用动态锁的具体操作步骤如下。

第1步 首先确保电脑支持蓝牙，并打开手机的蓝牙功能。单击【设置】→【设备】→【蓝牙和其他设备】选项，将【蓝牙】设置为"开"，然后单击【添加设备】按钮，如下图所示。

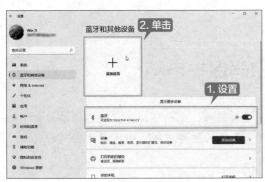

第2步 在弹出的【添加设备】对话框中，单击【蓝牙】选项，如下图所示。

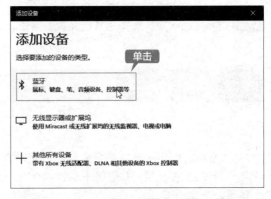

第3步 在可连接的设备列表中，选择要连接的设备，如这里选择连接手机，如下图所示。

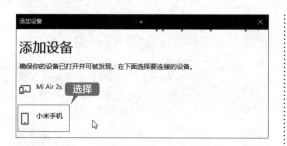

第4步 在弹出匹配信息时，单击对话框中的【连接】按钮，如下图所示。

第5步 在手机中点击【配对】按钮，即可进行连接，如下图所示。

第6步 提示"已配对"后单击【已完成】按钮，

如下图所示。

第7步 单击【设置】→【账户】→【登录选项】选项，在【动态锁】下，勾选【允许 Windows 在你离开时自动锁定设备】复选框即可完成设置，如下图所示。

举一反三

使用图片密码保护电脑

　　图片密码是一种帮助用户保护触摸屏电脑的全新功能，要想使用图片密码，用户需要选择图片并在图片上绘制手势，以此来创建独一无二的图片密码。创建图片密码的具体操作步骤如下。

第1步 打开【设置】面板，单击【账户】→【登录选项】选项，在【登录选项】界面中单击【图片密码】下方的【添加】按钮，如下图所示。

第2步 弹出【创建图片密码】对话框，在其中输入账户登录密码，单击【确定】按钮，如下图所示。

第3步 进入【欢迎使用图片密码】界面，单击【选择图片】按钮，如下图所示。

第4步 打开【打开】对话框，在其中选择用于创建图片密码的图片，然后单击【打开】按钮，如下图所示。

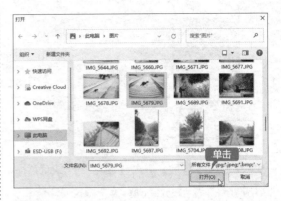

第5步 进入【这张图片怎么样？】界面，可以看到选择的图片，单击【使用此图片】按钮，如下图所示。

第6步 进入【设置你的手势】界面，在其中通过拖曳鼠标绘制出三个手势，可以是圆、直线和点，如下图所示。

第7步 手势绘制完毕后，进入【确认你的手势】界面，确认绘制的手势，如下图所示。

第8步 确认手势后，进入【恭喜！】界面，提示用户图片密码创建完成，单击【完成】按钮，如下图所示。

第9步 返回【登录选项】界面，可以看到【图片密码】下的【添加】按钮已经不存在，说明图片密码添加完成，如下图所示。

| 提示 |

　　如果要更改图片密码，可以单击【更改】按钮进行操作，如果要删除图片密码，单击【删除】按钮即可。

◇ 开启 Windows 11 的夜间模式

　　Windows 11 中的夜间模式开启后可以减少蓝光，在晚上或光线特别暗的环境下，可以一定程度上减少用眼疲劳。下面介绍开启夜间模式的具体操作步骤。

第1步 按【Windows+A】组合键，打开【快速更改设置】面板，单击【夜间模式】按钮，如下图所示。

第2步 即可开启夜间模式，电脑屏幕的亮度变暗，颜色偏黄，尤其是白色部分极为明显，如下图所示。

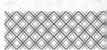

第3步 另外，按【Windows+I】组合键打开【设置】面板，然后单击【系统】→【显示】→【夜间模式】选项，进入【夜间模式】界面，可以设置夜间模式的强度，拖曳【强度】滑块，可以调节色温，如下图所示。

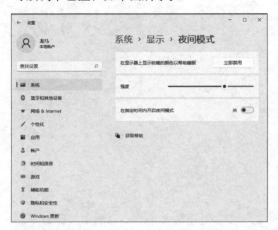

第4步 将【在指定时间内开启夜间模式】的开关设置为"开"，可以设置夜间模式的自动开启时间，默认为【日落到日出】，也可以选中【设置小时】单选按钮，根据需要设置开启时间，如下图所示。

◇ **取消开机显示锁屏界面**

华丽的锁屏界面受到了不少用户的喜爱，也给一些用户带来了困扰，如果希望电脑能够快速开机，则可以取消显示锁屏界面，具体操作步骤如下。

第1步 按【Windows+R】组合键，打开【运行】对话框，输入"gpedit.msc"命令，按【Enter】键，如下图所示。

第2步 弹出【本地组策略编辑器】窗口，依次单击【计算机配置】→【管理模板】→【控制面板】→【个性化】选项，在右侧区域中双击【不显示锁屏】选项，如下图所示。

第3步 在弹出的【不显示锁屏】窗口中，选择【已启用】单选按钮，单击【确定】按钮，即可取消开机显示锁屏界面，如下图所示。

第3章

电脑打字——输入法的认识和使用

📃 本章导读

　　学会输入中文和英文是使用电脑办公的第一步。对于英文字符，只需要按键盘上的字母键即可输入，但中文不能像英文那样直接用键盘输入，需要使用字母和数字对汉字进行编码，然后通过输入编码得到所需汉字。本章主要介绍输入法的管理、拼音打字等。

🔘 思维导图

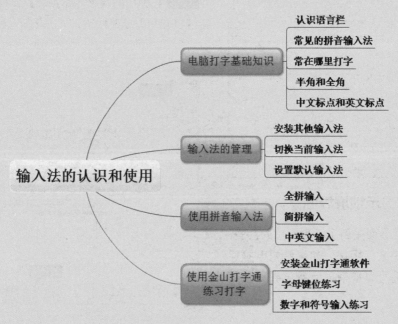

3.1 电脑打字基础知识

使用电脑打字，首先需要了解电脑打字相关的基础知识，如语言栏、常见的输入法、半角和全角等。

3.1.1 认识语言栏

语言栏是指电脑右下角的输入法，主要用于进行输入法切换。当用户需要在 Windows 中进行文字输入时，就需要用到语言栏。Windows 的默认输入语言是中文，在这种情况下，用键盘在文档中输入的文字是中文；如果要输入英文，则需要在语言栏中进行输入法切换。

如下图所示为 Windows 11 操作系统中的语言栏，单击语言栏上的英或中按钮，可以进行中文与英文输入状态的切换。

在英或中按钮上右击，弹出如下图所示的快捷菜单，单击【输入法工具栏（关）】命令，如下图所示。

即可显示微软拼音输入法状态条，如下图所示。

3.1.2 常见的拼音输入法

常见的拼音输入法有搜狗拼音输入法、QQ 拼音输入法、微软拼音输入法等。

1. 搜狗拼音输入法

搜狗拼音输入法是基于搜索引擎技术的输入法产品，用户可以通过互联网备份自己的个性化词库和配置信息。搜狗拼音输入法为国内主流拼音输入法之一。如下图所示为搜狗拼音输入法的状态栏及工具箱。

搜狗拼音输入法有以下特色。

（1）快速更新。不同于许多输入法依靠升级来更新输入法词库，搜狗拼音输入法采用不定时在线更新的方式，减少了用户选词的时间。

（2）整合符号。搜狗拼音输入法将许多符号表情也整合进了词库中，如输入"haha"得到"^_^"。另外搜狗拼音输入法还提供了一些用户自定义的缩写，如输入"QQ"，可以得到"我的 QQ 号是 XXXXXX"等。

（3）笔画输入。输入时以"u"作引导可以通过笔画"h"（横）、"s"（竖）、"p"（撇）、"n"（捺）、"d"（点）、"t"（提）输入字符。

（4）手写输入。搜狗拼音输入法支持手写输入，按【U】键，拼音输入区会出现"打开手写输入"的提示，单击即可打开手写输入（如果用户未安装该模块，则会打开扩展功能管理器，单击【安装】按钮即可在线安装）。该功能可以帮助用户快速输入生字，极大地提升了用户的输入体验。

（5）输入统计。搜狗拼音输入法提供统计用户输入字数、打字速度的功能。

（6）输入法登录。可以通过输入法登录功能登录搜狗、搜狐等网站。

（7）个性皮肤。用户可以选择多种精彩

皮肤，按【I】键可开启快速换肤。

（8）细胞词库。细胞词库是搜狗首创的、开放共享的、可在线升级的细分化词库功能。细胞词库包括但不限于专业词库，通过选取合适的细胞词库，搜狗拼音输入法可以覆盖几乎所有的中文词汇。

（9）截图功能。在选项设置中可以选择开启、禁用、安装、卸载截图功能。

2. QQ 拼音输入法

QQ 拼音输入法是由腾讯公司开发的一款拼音输入法软件。与大多数拼音输入法一样，QQ 拼音输入法支持全拼、简拼、双拼 3种基本的拼音输入模式。在输入方式上，QQ拼音输入法支持单字、词组、整句输入，如下图所示。

QQ 拼音输入法有以下特色。

（1）提供多套精美皮肤，让打字过程更加享受。

（2）输入速度快，占用资源少，轻松提高 20% 的打字速度。

（3）最新、最全的流行词汇，适合在任何场景使用，在聊天软件或其他互联网应用中使用非常方便。

（4）用户词库，网络迁移绑定 QQ 号码，个人词库随身带。

（5）智能整句生成，轻松输入长句。

3. 微软拼音输入法

微软拼音输入法是一款基于语句的智能型的拼音输入法，采用拼音作为汉字的录入方式，用户不需要经过专门的学习和培训，就可以轻松掌握汉字的输入。微软拼音输入

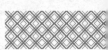

法提供了模糊音设置，为一些地区说话带口音的用户提供便利。如下图所示为微软拼音输入法的输入界面。

微软拼音输入法有以下特色。

（1）采用基于语句的整句转换方式，用户可以连续输入整句的拼音，不必人工分词、挑选候选词语，既保证了用户的思维流畅，又大大提高了输入的效率。

（2）为用户提供了许多特殊功能，如自学习和自造词功能。使用这两种功能，经过短时间与用户的交互，微软拼音输入法能够学习用户的专业术语和用词习惯，从而使微软拼音输入法的转换准确率更高，用户用得也更加得心应手。

3.1.3 常在哪里打字

打字也需要有"场地"，用来显示输入的文字，常用的能大量显示文字的软件有记事本、文档、写字板等。在输入文字后，还可以设置文字的格式，使文字看起来更工整、美观。

Word 是微软公司推出的 Office 办公软件系列的一款文字处理软件，不仅可以显示输入的文字，还具有强大的文字编辑功能。如下图所示为 Word 2019 的操作界面。

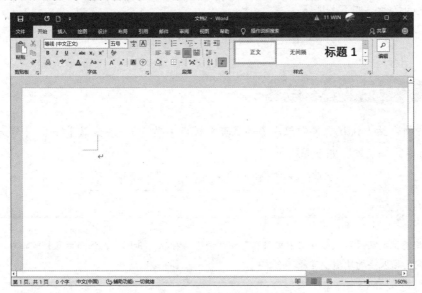

Word 主要具有以下特色。

（1）所见即所得。用户使用 Word 作为电脑打字的练习场地，输入效果在屏幕上一目了然。

（2）直观的操作界面。Word 的操作界面非常直观，其中提供了丰富的工具，利用鼠标就可以确定文字输入位置、选择已输入的文字，便于修改。

（3）多媒体混排。使用 Word 可以编辑文字、图形、图像、声音、动画，插入其他软件制作的文件，编辑艺术字、数学公式，还可以使用绘图工具进行图形制作，满足用户的各种文档处理需求。

（4）强大的制表功能。Word 不仅可以用于输入文字，还提供了强大的制表功能，使用 Word 制作表格，既快捷又美观。

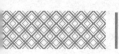
（5）自动功能。Word 提供了拼写和语法检查功能，如果检查到语法错误或拼写错误，还会提供修正建议。当用 Word 编辑好文档后，Word 可以帮助用户自动编写摘要，为用户节省大量时间。自动更正功能为用户输入同样的字符提供帮助，当用户要输入若干同样的字符时，可以定义一个字母来代替，该功能可以使用户的输入速度大大提高。

（6）模板功能。Word 提供了丰富的模板，使用模板可以创建一份漂亮的文档。

（7）帮助功能。Word 的帮助功能内容详细且丰富，用户遇到问题时，能够方便地找到解决问题的方法。

（8）超强兼容性。Word 支持多种格式的文档，也可以将 Word 编辑的文档另存为其他格式的文件，这为 Word 和其他软件的信息交换提供了极大的便利。

（9）打印功能。Word 提供了打印预览功能，对打印机参数有强大的支持性和配置性，便于用户打印输入的文字。

3.1.4 半角和全角

半角和全角主要是针对标点符号区分的，全角标点占两个字节，半角标点占一个字节。在微软拼音输入法状态条中单击【全角／半角】按钮●／☽或按【Shift+ 空格】组合键，即可在全角与半角之间切换，如下图所示。

| 中 ● °，简 ☺ ⚙ | 中 ☽ °，简 ☺ ⚙

3.1.5 中文标点和英文标点

在微软拼音输入法状态条中单击【中／英文标点】按钮·，／°，或按【Ctrl+.】组合键，即可在中英文标点之间切换，如下图所示。

| 中 ☽ °，简 ☺ ⚙ | 中 ☽ ·，简 ☺ ⚙

> **｜提示｜:::::::**
>
> 英文状态下默认为英文标点，中文状态下默认为中文标点。其他输入法与微软拼音输入法用法基本相同，不同的输入法的快捷键可能存在不同。

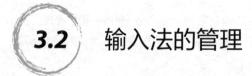

3.2　输入法的管理

输入法是为了将各种符号输入计算机或其他设备而采用的编码方法。汉字输入的编码方法基本都是将音、形、义与特定的键相联系，再根据不同汉字进行组合来完成汉字的输入。

3.2.1 安装其他输入法

Windows 11 操作系统虽然自带微软拼音输入法，但不一定能满足每个用户的使用需求。用户可以自行安装和卸载输入法。安装输入法前，首先需要从网上下载输入法安装程序。

下面以安装搜狗拼音输入法为例，介绍安装输入法的一般方法。

第1步 双击下载的安装文件，即可启动搜狗拼音输入法安装向导。勾选【已阅读并接受用户协议 & 隐私政策】复选框，单击【自定义安装】按钮，如下图所示。

提示

如果不需要更改设置，可直接单击【立即安装】按钮。

第2步 在展开的区域中，可以单击【安装位置】右侧的【浏览】按钮选择软件的安装位置，选择完成后，单击【立即安装】按钮，如下图所示。

第3步 即可开始安装，如下图所示。

第4步 安装完成后，在弹出的界面中取消勾选含有推荐软件安装的复选框，单击【立即体验】按钮，如下图所示。

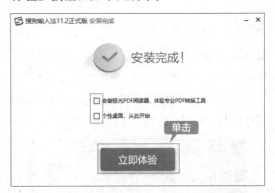

第5步 弹出【个性化设置向导】对话框，根据提示分别设置输入法的使用习惯、搜索候选、皮肤、词库及表情等，如下图所示。

第6步 设置完成后，单击【完成】按钮，即可完成输入法的安装，如下图所示。

3.2.2 切换当前输入法

如果安装了多个输入法，可以在输入法之间进行切换，下面介绍选择与切换输入法的操作步骤。

1. 选择输入法

第1步 在语言栏中单击输入法图标 拼 （此时默认的输入法为微软拼音输入法），弹出输入法列表，选择要切换的输入法，如选择【搜狗拼音输入法】选项，如下图所示。

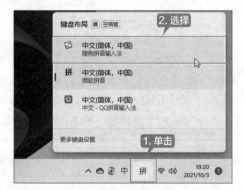

第2步 即可完成输入法的切换，如下图所示。

2. 使用快捷键

虽然上述方法是最常用的方法，但是却不是最快捷的方法，需要进行两步操作，而使用快捷键可以快速切换输入法。Windows 11 中切换输入法的快捷键是【Windows+ 空格】组合键，如当前默认为微软拼音输入法，按下快捷键后，即可切换至搜狗拼音输入法，如下图所示，再次按下快捷键则会再次切换。

3. 中英文的快速切换

在输入文字内容时，有时要交替输入英文和中文，需要来回切换输入状态，单击语言栏中的图标进行切换比较麻烦，最快捷的方法是按【Shift】键或【Ctrl+ 空格】组合键进行切换。

3.2.3 设置默认输入法

如果想在系统启动时自动切换到某一输入法，可以将其设置为默认输入法，具体操作步骤如下。

第1步 按【Windows+I】组合键，打开【设置】面板，单击【时间和语言】→【输入】选项，如下图所示。

第2步 进入【输入】界面，单击【高级键盘设置】选项，如下图所示。

第3步 进入【高级键盘设置】界面，单击【替代默认输入法】区域下的下拉按钮，如下图所示。

第4步 在弹出的下拉列表中，选择要设置的默认输入法，如这里选择"搜狗拼音输入法"选项，即可将其设置为默认输入法，如下图所示。

3.3　使用拼音输入法

拼音输入是一种常见的输入方法，用户最初的输入方式基本都是从拼音开始的。拼音输入法按照拼音规则来输入汉字，不需要特别记忆，符合多数人的思维习惯，只要会拼音就可以输入汉字。

3.3.1 全拼输入

全拼输入是拼音输入法中最基本的输入模式，输入汉字拼音的所有字母即可，如要输入"你好"，需要输入拼音"nihao"。一般拼音输入法中，默认开启的是全拼输入模式。

要输入"计算机",在全拼模式下用键盘输入"jisuanji",即可看到候选词中有"计算机",按空格键或该项对应的数字【1】键,即可输入,如下图所示。

使用全拼时,如果候选词中没有需要的汉字,可以按【PageDown】键或【PageUp】键进行翻页。

3.3.2 简拼输入

简拼输入是输入汉字的声母或首字母来进行汉字输入的一种模式,它可以大大地提高输入的效率。例如,要输入"计算机",只需要输入"jsj"即可,如下图所示。

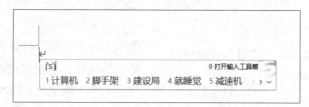

从上图中可以看到,输入简拼后,候选词有很多,正是因为首字母相关的范围过广,输入法会优先显示较常用的词组。为了提高输入效率,建议使用全拼和简拼进行混合输入,也就是某个字用全拼,另外的字用简拼,这样既可以输入最少的字母,又可以提高输入效率。例如,输入"输入法",可以输入"shurf""sruf"或"srfa",如下图所示。

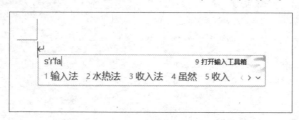

3.3.3 重点: 中英文输入

在写邮件、发送消息时经常需要输入一些英文字符,搜狗拼音输入法自带中英文混合输入功能,便于用户快速地在中文输入状态下输入英文。

1. 通过按【Enter】键输入拼音

在中文输入状态下,如果要输入拼音,可以在输入汉字的全拼后,直接按【Enter】键。下面以输入"电脑"的拼音"diannao"为例进行介绍。

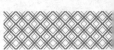

第1步 在中文输入状态下，用键盘输入"diannao"，如下图所示。

第2步 直接按【Enter】键即可输入英文字符，如下图所示。

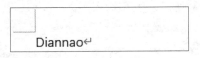

> **提示**
>
> 如果要输入一些包含字母和数字的验证码，如"q8g7"，也可以在中文输入状态下直接输入"q8g7"，然后按【Enter】键。

2. 中英文混合输入

在输入中文字符的过程中，如果要在中间输入英文，可以使用搜狗拼音输入法的中英文混合输入功能。例如，输入"苹果的英语是Apple"的具体操作步骤如下。

第1步 用键盘输入"pingguodeyingyushiapple"，如下图所示。

第2步 此时，直接按空格键或按数字【1】键，即可输入"苹果的英语是Apple"。使用相同的方法还可以输入"我要去party""说goodbye"等，如下图所示。

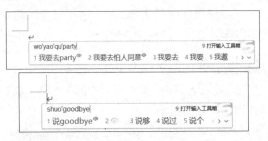

3. 直接输入英文单词

在搜狗拼音输入法的中文输入状态下，还可以直接输入英文单词。下面以输入单词"congratulate"为例进行介绍。

第1步 在中文输入状态下，直接用键盘依次输入字母，输入一些字母后，将会看到候选词中出现该单词，如下图所示。

第2步 直接按空格键，即可在中文输入状态下输入英文单词，如下图所示。

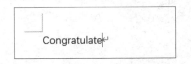

另外，如果候选词中没有该单词，可以直接输入单词中的所有字母，按【Enter】键输入该单词。

3.4　使用金山打字通练习打字

通过前面的学习，相信读者已经跃跃欲试了，想要快速、熟练地使用键盘打字，需要进行大量的指法练习。在练习的过程中，一定要使用正确的击键方法，这样对输入效率有很大的提升。下面介绍如何通过金山打字通2016进行指法的练习。

3.4.1 安装金山打字通软件

在使用金山打字通 2016 进行打字练习之前，需要在电脑中安装该软件。下面介绍安装金山打字通 2016 的操作方法。

第1步 打开电脑上的浏览器，搜索"金山打字通"并进入官网，单击页面中的【免费下载】按钮，如下图所示。

第2步 下载完成后，打开【金山打字通 2016 安装】窗口，进入【欢迎使用"金山打字通 2016"安装向导】界面，单击【下一步】按钮，如下图所示。

第3步 进入【许可证协议】界面，单击【我接受】按钮，如下图所示。

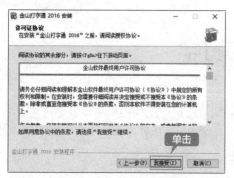

第4步 进入【WPS Office】界面，用户可以根据需要勾选【WPS Office，让你的打字学习更有意义（推荐安装）】复选框，单击【下一步】按钮，如下图所示。

第5步 进入【选择安装位置】界面，单击【浏览】按钮，可以选择软件的安装位置，设置完毕后，单击【下一步】按钮，如下图所示。

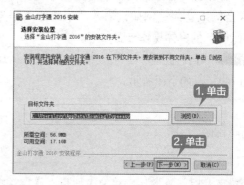

第6步 进入【选择"开始菜单"文件夹】界面，单击【安装】按钮，如下图所示。

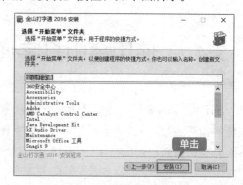

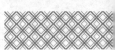

第 7 步 进入【金山打字通 2016 安装】界面，待安装进度完成后，在【软件精选】界面中取消勾选推荐软件前的复选框，单击【下一步】按钮，如下图所示。

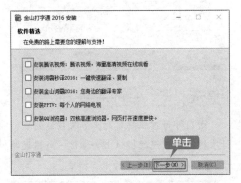

第 8 步 进入【正在完成"金山打字通 2016"安装向导】界面，取消勾选复选框，单击【完成】按钮，即可完成软件的安装，如下图所示。

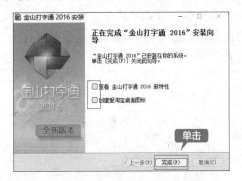

至此，金山打字通 2016 已经安装完成，接下来就可以启动金山打字通 2016 软件进行指法练习。

直接双击桌面上的【金山打字通】快捷方式，即可启动软件。

3.4.2 字母键位练习

对于初学者来说，进行字母键位练习可以更快地掌握键盘布局，从而快速提高用户对键位的熟悉程度。下面介绍在金山打字通 2016 中进行字母键位练习的操作步骤。

第 1 步 启动金山打字通 2016 后，单击软件主界面右上方的【登录】按钮，如下图所示。

第 2 步 弹出【登录】对话框，在【创建一个昵称】文本框中输入昵称，单击【下一步】按钮，如下图所示。

第 3 步 进入【绑定 QQ】界面，勾选【自动登录】和【不再显示】复选框，然后单击【绑定】按钮，完成与 QQ 账号的绑定，绑定完成后将会自动登录金山打字通软件，如下图所示。

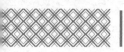

第4步 在软件主界面中单击【新手入门】按钮，弹出选择练习模式对话框，用户可以根据自己的熟练程度选择模式，这里选择【自由模式】，如下图所示。

第5步 进入【新手入门】界面，单击【字母键位】选项，如下图所示。

第6步 进入【第二关：字母键位】界面，可以根据标准键盘下方的指法提示输入标准键盘上方的字母，进行字母键位练习，如下图所示。

| 提示 |

　　进行字母键位练习时，如果按键错误，标准键盘中错误的键位上会标记一个错误符号 **✖**，下方提示按键的正确指法。

第7步 用户也可以单击【测试模式】按钮 ，进入字母键位过关测试，如下图所示。

3.4.3 数字和符号输入练习

　　数字键和符号键离基准键位较远，很多人喜欢直接把整个手移过去，这样不利于指法练习，而且对以后打字的速度也有影响。希望读者能克服这一点，在指法练习的初期就严格要求自己。

　　数字和符号的输入练习与字母键位练习类似。在【新手入门】界面中的【数字键位】和【符号键位】两种模式中，可以分别练习数字和符号的输入，如下图所示。

使用写字板写一份通知

　　本例主要以写字板为环境，使用搜狗拼音输入法来写一份通知，进而巩固拼音输入法的使用方法与技巧。一份完整的通知主要包括标题、称呼、正文和落款等内容，要想写好一份通知，首先需要熟悉通知的格式与写作方法，然后按照格式一步一步地进行书写。这里以写一份公司国庆放假通知为例来具体介绍使用写字板书写通知的操作步骤，通知的最终效果如下图所示。

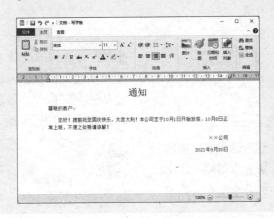

1. 设置通知的标题

第1步 打开写字板软件，即可创建一个新的空白文档，如下图所示。

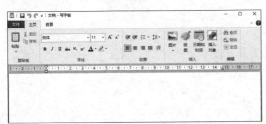

第2步 输入通知的标题，用键盘输入"tongzhi"，按空格键选择第一项，如下图所示。

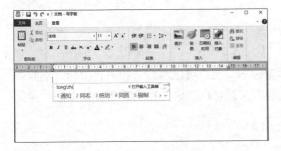

第3步 即可输入汉字"通知"，设置字体大小，并居中显示在写字板中，如下图所示。

2. 输入通知的称呼与正文

第1步 直接输入通知称呼的拼音"zunjing dekehu"，选择正确的汉字，如下图所示。

第2步 按住键盘上的【Shift】键并按【；】键，输入冒号"："，如下图所示。

第3步 按【Enter】键换行，然后输入正文内容，输入正文时直接按相应的拼音字母输入汉字，按主键盘区或辅助键区中的数字键输入数字，如下图所示。

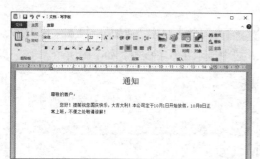

3. 输入通知落款

第1步 将光标定位于文档的最后，另起一行输入公司名称和日期，如下图所示。

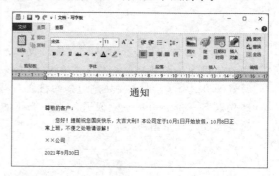

第2步 将通知的落款右对齐。至此，就完成了使用搜狗拼音输入法在写字板中书写一份通知的全部操作，将制作的文档保存即可，最终效果如下图所示。

◇ **添加自定义短语**

造词工具用于管理和维护自造词词典及自学习词表，用户可以对自造词进行编辑、删除、设置快捷键、导入或导出到文本文件等，使下次输入可以轻松完成。在 QQ 拼音输入法中定义用户词和自定义短语的具体操作步骤如下。

第1步 在 QQ 拼音输入法状态下按【I】键，启动 i 模式，并按数字【7】键，如下图所示。

第2步 弹出【QQ 拼音造词工具】对话框，选择【用户词】选项卡。假设经常使用"扇淀"这个词，可以在【新词】文本框中输入该词，并单击【保存】按钮，如下图所示。

第3步 使用 QQ 拼音输入法输入"shandian"，即可看到第二项上显示设置的新词"扇淀"，如下图所示。

第4步 切换到【自定义短语】选项卡，在【自定义短语】文本框中输入"吃葡萄不吐葡萄皮"，在【缩写】文本框中设置缩写，如输入"cpb"，单击【保存】按钮，如下图所示。

第5步 使用 QQ 拼音输入法输入"cpb"，即可看到第一项上显示设置的新短语，如下图所示。

◇ **生僻字的输入**

以搜狗拼音输入法为例，使用搜狗拼音输入法可以通过 U 模式来输入生僻汉字，在搜狗拼音输入法状态下，按【U】键，即可启动 U 模式。

> **提示**
>
> 在双拼模式下可以按【Shift+U】组合键启动 U 模式。

◇ **新功能：文本的快速输入 1：将语音转换为文本**

语音输入已经是一项比较成熟的技术，用户使用麦克风，通过听写工具将说出的字词转换为文本，可以大大提高输入效率。Windows 11 中自带该工具，无须下载和安装，非常方便。

第1步 打开写字板软件，按【Windows+H】组合键，打开听写工具，如下图所示。

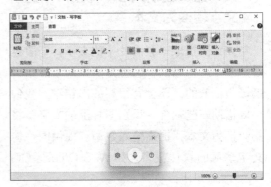

第2步 单击听写工具上的【设置】按钮，打开设置面板，可以进行设置，如开启"语音键入启动器"和"自动标点"，如下图所示。

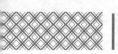
第3步 完成设置后，单击【开始语音输入】按钮 🎤，对准麦克风将要输入的文字说出来，此时【开始语音输入】按钮显示为"正在聆听"状态，若要停止听写，则再次单击该按钮，如下图所示。

> 提示
>
> 如果要停止听写，也可以说"停止听写"。

◇ 文本的快速输入2：将图片中的文字转换为文本

如果要提取一张图片中的文字，一般会对照图片进行输入，这种方法是最为原始也是最为低效的，还会有很高的出错率。我们可以借助一些软件，识别图片上的文字，将其转换为文本，提高输入效率。提供图片转文字功能的软件很多，如 WPS Office、QQ 等都自带该功能，下面以"QQ"为例，介绍图片转文字的方法。

第1步 打开并登录 QQ，然后打开要识别的图片，按【Ctrl+Alt+A】组合键，进入截图模式，框选要识别的文字区域后，下方会显示一个工具栏，单击工具栏中的【屏幕识图】按钮，如下图所示。

第2步 弹出【屏幕识图】窗口，窗口右侧显示了识别出的文字，如下图所示。将文字粘贴到目标位置，然后根据图片实际内容，进行适当调整即可。

第4章

文件管理——管理电脑中的文件资源

本章导读

电脑中的文件资源是 Windows 11 操作系统资源的重要组成部分，只有管理好电脑中的文件资源，才能很好地运用操作系统工作和学习。本章主要介绍在 Windows 11 中管理文件资源的基本操作。

思维导图

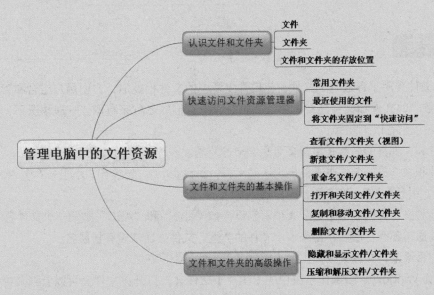

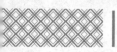
 4.1 认识文件和文件夹

在 Windows 11 操作系统中，文件是最小的数据组织单位，文件中可以存放文本、图像和数值数据等信息。为了便于管理文件，可以把文件组织到目录和子目录中，这些目录被称为文件夹。

4.1.1 文件

文件是 Windows 系统中存取磁盘信息的基本单位，一个文件是磁盘上存储的信息的一个集合，可以是文档、图片、影片，也可以是一个应用程序等。每个文件都有唯一的名称，Windows 11 通过文件的名称来对文件进行管理。下图所示为一个图片文件。

4.1.2 文件夹

电脑中的文件夹用于存放电子文件，与日常生活中的文件柜类似，方便用户组合和管理文件。在操作系统中，文件和文件夹都有名称，系统根据它们的名称来存取。一般情况下，文件和文件夹的命名规则有以下几点。

（1）文件和文件夹的名称长度最多可达 256 个字符，一个汉字相当于两个字符。

（2）文件和文件夹的名称中不能出现这些字符：斜线 (\、/)、竖线 (|)、小于号 (<)、大于号 (>)、冒号 (：)、引号（" "）、问号（？）、星号 (*)。

（3）文件和文件夹的名称不区分大小写字母，如 "abc" 和 "ABC" 是同一个文件名。

（4）文件通常都有扩展名，用来表示文件的类型。文件夹通常没有扩展名。

（5）同一目录下，文件夹或同类型（扩展名）文件不能同名。

下图所示为 Windows 11 操作系统中的【图片】文件夹，打开该文件夹可以看到其中存放的文件。

4.1.3 文件和文件夹的存放位置

电脑中的文件或文件夹一般存放在电脑的磁盘或【Administrator】文件夹中。

1. 电脑磁盘

文件可以被存放在电脑磁盘中的任意位置，如下图所示。为了便于管理，文件的存放有以下常见的规则。

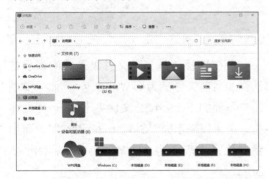

通常情况下，电脑的硬盘会被划分为三个分区：C、D和E盘。三个盘的功能分别如下。

C盘主要用来存放系统文件。所谓系统文件，是指操作系统和应用软件中的系统操作部分。默认情况下系统会被安装在C盘，包括常用的程序。

D盘主要用来存放应用软件。对于软件的安装，有以下常见的原则。

（1）一般较小的软件，如Rar压缩软件等可以安装在C盘。

（2）对于较大的软件，如Office、Photoshop和3ds Max等，需要安装在D盘，这样可以减少占用C盘的空间，从而提高系统运行的速度。

（3）几乎所有软件的默认安装路径都在C盘，电脑用得越久，C盘被占用的空间就越多。随着使用时间的增加，系统反应速度会越来越慢。因此安装软件时，需要根据具体情况改变安装路径。

E盘主要用来存放用户自己的文件。例如，用户保存的图片、文档资料、视频、音乐文件等。如果硬盘还有多余的空间，也可以根据需求添加更多的分区。

2. 【Administrator】文件夹

【Administrator】文件夹是Windows 11中的一个系统文件夹，主要用于保存文档、图片，也可以保存其他任何文件。对于常用的文件，用户可以将其放在【Administrator】文件夹中，以便及时调用，如下图所示。

默认情况下，桌面上并不显示【Administrator】文件夹，用户可以通过勾选

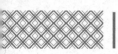

【桌面图标设置】对话框中的【用户的文件】复选框，将【Administrator】文件夹放置在桌面上，如下图所示。

如果用户对电脑进行了命名或使用了Microsoft 账户登录，则用户的名称将会作为该文件夹的名称，如下图所示，该文件夹名称为"WIN 11"。

文件和文件夹的路径表示文件和文件夹所在的位置，路径有两种表示方法：绝对路径和相对路径。

绝对路径是从根文件夹开始的表示方法，根通常用"\"来表示（区别于网络路径），如"C:\Windows\System32"表示 C 盘下Windows 文件夹下的 System32 文件夹，根据文件或文件夹的路径，用户可以在电脑上找到该文件或文件夹的存放位置，下图所示为 C 盘下 Windows 文件夹下的 System32 文件夹。

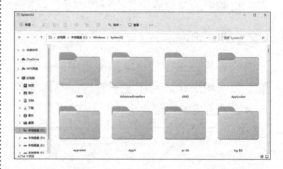

相对路径是从当前文件夹开始的表示方法，如当前文件夹为 C:\Windows，如果要表示它下面的 System32 文件夹下的 Boot 文件夹，则可以表示为"System32\Boot"，而用绝对路径应表示为"C:\Windows\System32\Boot"。

4.2 实战1：快速访问文件资源管理器

在 Windows 11 操作系统中，用户打开文件资源管理器默认显示的是快速访问界面，在快速访问界面中用户可以看到常用的文件夹、最近使用的文件等信息。

4.2.1 常用文件夹

文件资源管理器窗口中，默认包括下载、文档、图片和桌面 4 个固定的文件夹，同时会显示用户最近常用的文件夹。通过打开常用文件夹，用户可以快速查看其中的文件，具体操作步骤如下。

第1步 按【Windows+E】组合键打开【此电脑】窗口，单击导航栏中的【快速访问】选项，如下图所示。

> **提示**
>
> 用户可以单击任务栏中的【文件资源管理器】图标 ![icon]，打开【此电脑】窗口。

第2步 进入【快速访问】界面，在其中可以看到"文件夹"和"最近使用的文件"列表，如下图所示。

> **提示**
>
> 用户也可以通过左侧导航栏，访问【快速访问】下的文件夹，导航栏中文件夹右侧的 📌 图标表示该文件夹固定在"快速访问"中。

第3步 双击打开【图片】文件夹，在其中可以看到该文件夹中的图片文件，如下图所示。

4.2.2 最近使用的文件

文件资源管理器提供最近使用的文件列表，默认显示 20 个，用户可以通过最近使用的文件列表来快速打开文件，具体操作步骤如下。

第1步 打开【文件资源管理器】窗口，在其中可以看到【最近使用的文件】列表，如下图所示。

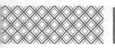

| 提示 |

> 最近使用的文件夹会显示在【文件资源管理器】窗口中"文件夹"区域下。

第2步 双击要打开的文件，即可快速打开该文件，如这里双击"工作计划表.xlsx"文件，即可打开该文件，如下图所示。

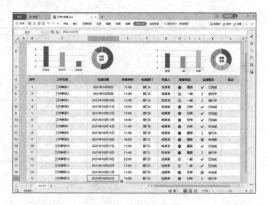

4.2.3 将文件夹固定到"快速访问"

用户可以将常用的文件夹固定到"快速访问"中，具体操作步骤如下。

第1步 选择要固定到"快速访问"中的文件夹并右击，在弹出的快捷菜单中单击【固定到快速访问】选项，如下图所示。

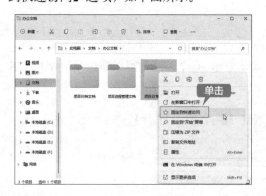

第2步 返回【文件资源管理器】窗口，即可看到选择的文件夹已被固定到"快速访问"中，如下图所示。

4.3　实战2：文件和文件夹的基本操作

用户要想管理电脑中的数据，首先要熟练掌握文件或文件夹的基本操作。文件或文件夹的基本操作包括创建文件或文件夹、打开和关闭文件或文件夹、复制和移动文件或文件夹、删除文件或文件夹、重命名文件或文件夹等。

4.3.1 查看文件 / 文件夹（视图）

用户可以更改文件或文件夹的【查看】和【排序】方式，具体操作步骤如下。

第1步 在文件夹窗口中，可以看到文件以"详细信息"布局方式显示，单击窗口右下角的【使用大缩略图显示项】按钮 □ ，如下图所示。

第2步 文件夹中的文件或子文件夹即会以大图标的方式显示，如下图所示。

第3步 在文件夹窗口的功能区中单击【查看】按钮 □ 查看，在弹出的列表中可以看到当前文件和文件夹的布局方式为【大图标】，如下图所示。

第4步 在【查看】下拉列表中，可以选择文件或文件夹的布局方式，如单击【列表】选项，如下图所示。

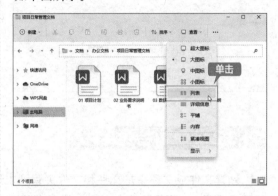

第5步 即可快速调整布局方式，如下图所示

第6步 单击功能区中的【排序】按钮 ↑↓ 排序 ，在弹出的列表中，可以选择排序的方式，如下图所示。

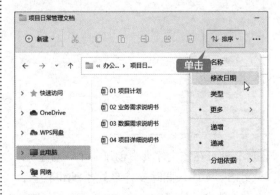

第7步 用户也可以单击【排序】→【分组依据】选项,在弹出的子列表中,选择条件进行分组,如下图所示。

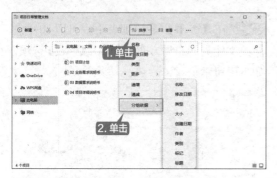

第8步 另外,在查看文件或文件夹时,按住【Ctrl】键,向上或向下滚动鼠标滚轮,可以放大或缩小文件、文件夹图标,下图所示为放大后的效果。

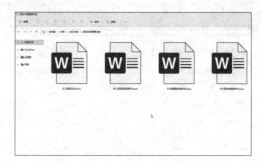

4.3.2 新建文件 / 文件夹

新建文件或文件夹是文件和文件夹管理中最基本的操作,如创建一个文本、文档、图像文件等,并可以根据需要建立一个文件夹管理这些文件。

1. 新建文件

用户可以通过【新建】菜单命令,创建一些常见的文件,这里以创建一个文本文档为例进行介绍。

第1步 在文件夹窗口中,单击功能区中的【新建】按钮 ⊕ 新建 ∨ ,在弹出的列表中单击【文本文档】命令,如下图所示。

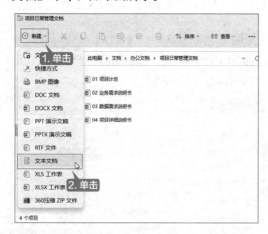

第2步 即可在该文件夹中创建一个"新建 文本文档"文件,此时文件名处于编辑状态,输入文件名并按【Enter】键即可完成创建,如下图所示。

另外,也可以在文件夹窗口或电脑桌面的空白处右击,在弹出的快捷菜单中,单击【新建】→【文本文档】命令,创建新文本文档,如下图所示。

如果要创建一些特殊的文件,如 Office、Photoshop、AutoCAD 等文档文件,可以使用应用软件中的新建命令进行创建,一般可以使用【Ctrl+N】组合键创建。

2. 新建文件夹

新建文件夹与新建文件的方法相同，主要通过功能区的【新建】按钮和右键菜单命令创建。

方法一：在文件夹窗口中，单击【新建】按钮⊕ 新建 ✓ ，在弹出的列表中单击【文件夹】命令，即可创建新文件夹，如下图所示。

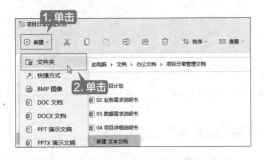

方法二：在文件夹窗口或电脑桌面的空白处右击，在弹出的快捷菜单中，单击【新建】→【文件夹】命令，即可创建新文件夹，如下图所示。

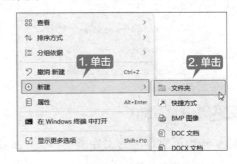

4.3.3 重命名文件/文件夹

新建文件或文件夹后，如果没有将其修改为正确的名称，可以在文件资源管理器或任意一个文件夹窗口中，给新建的或已有的文件或文件夹重新命名。

重命名文件或文件夹的操作方法相同，主要有以下3种方法。

1. 使用右键菜单命令

第1步 选中要重命名的文件并右击，在弹出的菜单中单击【重命名】按钮▯，如下图所示。

第2步 文件的名称被选中，以蓝色背景显示，如下图所示。

第3步 输入文件的名称，按【Enter】键即可完成对文件名称的更改，如下图所示。

| 提示 |

在重命名文件时，不能随意改变已有文件的扩展名，否则当要打开该文件时，系统不能确定要使用哪种程序打开该文件，如下图所示。

如果要更改的文件名与文件夹中已有的文件名重复，系统会给出如下图所示的提示，单击【是】按钮，会以文件名后面加上序号来命名，单击【否】按钮，则需要重新输入文件名。

2. 使用功能区

第1步 选中要重命名的文件或文件夹，单击功能区中的【重命名】按钮，如下图所示。

第2步 文件或文件夹名称即可进入编辑状态，输入新的名称，按【Enter】键确认命名，如下图所示。

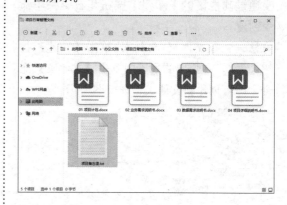

3. 使用【F2】功能键

选中需要更改名称的文件或文件夹，按【F2】功能键，即可进入名称编辑状态，快速更改文件或文件夹的名称。

4.3.4 打开和关闭文件 / 文件夹

打开文件或文件夹的常用方法有以下 2 种。

（1）选择需要打开的文件或文件夹，双击或按【Enter】键即可将其打开。

（2）选择需要打开的文件或文件夹，右击，在弹出的快捷菜单中选择【打开】命令，如下图所示。

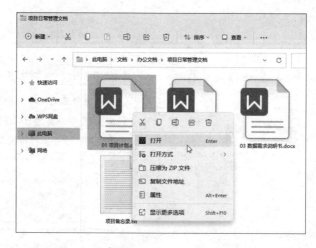

对于文件，用户还可以通过【打开方式】命令将其打开，具体操作步骤如下。

第1步 选择需要打开的文件并右击，在弹出的快捷菜单中单击【打开方式】→【选择其他应用】命令，如下图所示。

第2步 弹出【你要以何方式打开此 .rtf 文件？】对话框，在其中选择打开文件的应用程序，本例选择【写字板】选项，单击【确定】按钮，如下图所示。

第3步 写字板软件即会打开选择的文件，如下图所示。

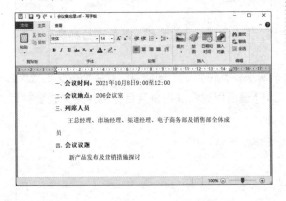

关闭文件或文件夹的常用方法如下。

（1）一般在软件窗口的右上角都有一个关闭按钮，以写字板为例，单击写字板窗口右上角的【关闭】按钮，可以直接关闭文件，如下图所示。

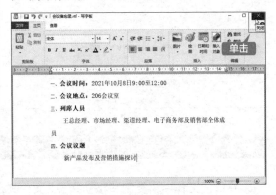

（2）关闭文件夹的操作也很简单，只需要在打开的文件夹窗口中单击右上角的【关闭】按钮即可，如下图所示。

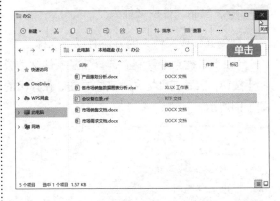

（3）在文件夹窗口中，单击窗口左上角的程序图标或右击标题栏，在弹出的菜单中单击【关闭】选项，也可以关闭文件夹，如下图所示。

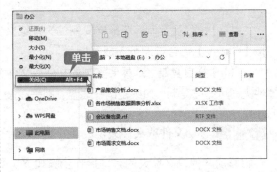

（4）按【Alt+F4】组合键，可以快速关闭当前打开的文件或文件夹。

（5）双击窗口标题栏最左侧的程序图标，也可以关闭当前窗口。

（6）在任务栏中右击要关闭的程序图标，在弹出的快捷菜单中单击【关闭所有窗口】命令，即可关闭打开的所有文件。

4.3.5 重点：复制和移动文件 / 文件夹

在日常工作中，复制和移动文件 / 文件夹是常用的操作，复制是在保留源文件的基础上创建副本，可以在相同或不同文件夹下进行操作，主要目的是备份文件。而移动则是将源文件移动到新的目标文件夹下，类似于"搬家"。本小节主要介绍复制和移动文件或文件夹的操作方法。

1. 复制文件或文件夹

复制文件或文件夹的方法有以下几种。

（1）右键菜单复制。选择要复制的文件或文件夹并右击，在弹出的快捷菜单中，单击【复制】按钮，然后在目标文件夹中右击，在弹出的快捷菜单中，单击【粘贴】按钮，即可完成复制，如下图所示。

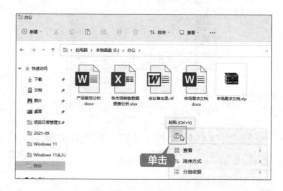

（2）快捷键复制。选择要复制的文件或文件夹，按【Ctrl+C】组合键，然后在目标文件夹中按【Ctrl+V】组合键即可完成复制。

（3）拖曳复制。选择要复制的文件或文件夹，如果目标位置是不同磁盘，直接拖曳文件或文件夹即可完成复制；如果是同一磁盘，则需在按【Ctrl】键的同时将其拖曳至目标文件夹完成复制。

2. 移动文件或文件夹

移动文件或文件夹的具体操作步骤如下。

第1步 选择需要移动的文件或文件夹并右击，在弹出的快捷菜单中单击【剪切】按钮✂️，如下图所示。

第2步 打开目标文件夹并在空白处右击，在弹出的快捷菜单中单击【粘贴】按钮📋，如下图所示。

第3步 选择的文件或文件夹即会被移动到目标文件夹，如下图所示。

提示

除了可以使用上述方法移动文件外，还可以使用【Ctrl+X】组合键实现【剪切】功能，再使用【Ctrl+V】组合键实现【粘贴】功能。

用户也可以用鼠标拖曳完成移动操作。选中要移动的文件或文件夹，如果目标位置为同一磁盘，可以按住鼠标左键，然后将要移动的文件或文件夹拖曳到目标文件夹中；如果目标位置为不同磁盘，则按住【Shift】键并按住鼠标左键，将要移动的文件或文件夹拖曳到目标文件夹中（在同一磁盘中也可以如此操作），释放【Shift】键和鼠标左键，选中的文件或文件夹即会被移动到目标文件夹中，如下图所示。

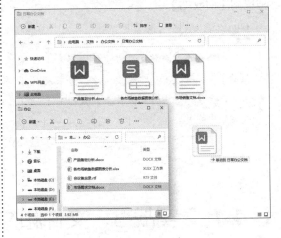

4.3.6 删除文件 / 文件夹

删除文件或文件夹的常用方法有以下几种。

（1）选择要删除的文件或文件夹，按【Delete】键或【Ctrl+D】组合键。

（2）选择要删除的文件或文件夹，单击功能区中的【删除】按钮🗑️，如下图所示。

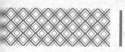
（3）选择要删除的文件或文件夹，右击，在弹出的快捷菜单中单击【删除】按钮 🗑，如下图所示。

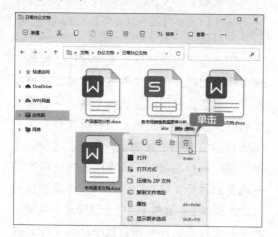

（4）选择要删除的文件或文件夹，直接拖曳到【回收站】中。

> **| 提示 |** :::::::
>
> 　删除命令只是将文件或文件夹移入【回收站】中，并没有从磁盘上清除，如果误删了还需要使用的文件或文件夹，可以从【回收站】中恢复。

如果要彻底删除文件或文件夹，则可以先选择要删除的文件或文件夹，然后按【Shift + Delete】组合键，弹出【删除文件】或【删除文件夹】对话框，提示用户是否确实要永久性地删除此文件或文件夹，单击【是】按钮，即可将其彻底删除，如下图所示。

4.4　实战3：文件和文件夹的高级操作

文件和文件夹的高级操作主要包括隐藏与显示文件或文件夹、压缩与解压文件或文件夹等。

4.4.1 重点：隐藏和显示文件 / 文件夹

隐藏文件或文件夹可以增强文件的安全性，同时可以防止误操作导致文件丢失。下面介绍如何隐藏和显示文件 / 文件夹。

隐藏文件或文件夹

隐藏文件和隐藏文件夹的方法相同，下面以隐藏文件为例，介绍隐藏文件或文件夹的方法。

第1步 选择需要隐藏的文件，如"各市场销售数据图表分析 .xlsx"，右击并在弹出的快捷菜单中单击【属性】命令，如下图所示。

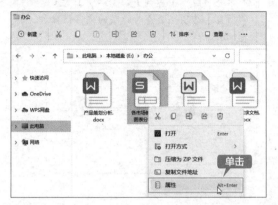

第2步 弹出【各市场销售数据图表分析 .xlsx 属性】对话框，选择【常规】选项卡，然后勾选【隐藏】复选框，单击【确定】按钮，如下图所示。

第3步 选择的文件即会被隐藏，如下图所示。

2. 显示文件或文件夹

文件（或文件夹）被隐藏后，用户要想调出隐藏文件，需要显示文件，具体操作步骤如下。

第1步 在文件夹窗口中，单击【查看】→【显示】→【隐藏的项目】选项，如下图所示。

第2步 即可看到隐藏的文件被显示出来，如下图所示。

| 提示 | ::::::::

隐藏的文件或文件夹颜色比较浅，很容易与正常显示的文件或文件夹区分。

第3步 选择隐藏的文件，按【Alt+Enter】组合键打开【各市场销售数据图表分析.xlsx 属性】对话框，在【常规】选项卡下取消勾选【隐藏】复选框，单击【确定】按钮，如下图所示。

第4步 此时，隐藏的文件即会完全显示，如下图所示。

| 提示 |

完成显示文件的操作后，用户可以根据需要取消勾选【查看】→【显示】→【隐藏的项目】选项，避免对隐藏的文件误操作，如下图所示。

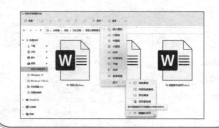

4.4.2 重点：压缩和解压文件 / 文件夹

用户可以对特别大的文件进行压缩操作，经过压缩的文件将占用较少的磁盘空间，并有利于更快地传输到其他计算机上，以实现网络共享。

1. 压缩文件或文件夹

下面以文件资源管理器的压缩功能为例，介绍如何压缩文件或文件夹。

第1步 选择需要压缩的文件并右击，在弹出的快捷菜单中单击【压缩为 ZIP 文件】命令，如下图所示。

第2步 即可将所选文件压缩成一个以"zip"为后缀的文件，如下图所示。

第3步 双击压缩包即可将其打开，显示里面包含的文件，如下图所示。

| 提示 |

如果要向该压缩包中添加文件或文件夹，可以将文件或文件夹拖曳至压缩包窗口中。

2. 解压文件或文件夹

如果需要打开压缩之后的文件或文件夹，可以对压缩包进行解压操作，具体操作步骤如下。

第1步 选中需要解压的文件并右击，在弹出的快捷菜单中单击【全部解压缩】选项，如下图所示。

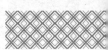

| 提示 |

如果要解压某个或某几个文件，可以打开压缩包并选择被压缩的文件，将其拖曳至目标文件夹。

第2步 弹出【提取压缩 (Zipped) 文件夹】对话框，在其中选择一个目标文件夹，单击【提取】按钮，如下图所示。

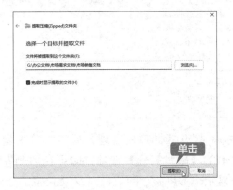

第3步 弹出提取文件进度对话框，如下图所示。

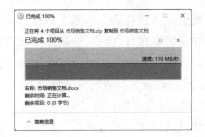

第4步 提取完成后，即会打开提取的目标文件夹，显示解压的文件，如下图所示。

Windows 11 文件资源管理器仅支持 ZIP 格式的压缩和解压，如果压缩文件格式为 RAR 或其他格式，可以下载 360 压缩、好压或 WinRAR 等压缩软件。使用这些软件不仅可以压缩或解压多种格式，还可以添加密码，保护压缩的文件。

举一反三

规划电脑的工作盘

使用电脑办公时通常需要规划电脑的工作盘，将工作、学习和生活的相关文件通过盘合理规划，做到工作和生活两不误。现在使用笔记本电脑办公的人越来越多，网络的普及使得电脑办公更加方便，不仅能在办公室办公，还可以在家里办公，且电脑硬盘空间不断增大，可以使用一台电脑处理工作、学习和生活中的文件，因此，合理规划电脑的磁盘空间就十分重要。

常见的规划硬盘分区的操作包括格式化分区、调整分区容量、分割分区、合并分区、删除分区和更改驱动器号等，下面介绍规划硬盘的操作方法。

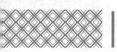
1. 格式化分区

　　格式化就是在磁盘中建立磁道和扇区，磁道和扇区建立好之后，电脑才可以使用磁盘来储存数据。不过，对存有数据的硬盘进行格式化，硬盘中的数据将被删除。

第1步 右击【此电脑】窗口中的磁盘 G，在弹出的快捷菜单中选择【格式化】命令，弹出【格式化 本地磁盘（G:）】对话框，在其中设置磁盘的【文件系统】【分配单元大小】等选项，如下图所示。

第2步 单击【开始】按钮，弹出提示对话框。若确认格式化该磁盘，则单击【确定】按钮；若退出，则单击【取消】按钮退出格式化。这里单击【确定】按钮，开始格式化磁盘，如下图所示。

| 提示 |

　　在格式化前，务必确保磁盘中的文件已全部备份，以防重要文件丢失。此外，还可以使用 DiskGenius 软件进行格式化。

2. 调整分区容量

　　分区容量不能随意调整，否则可能会导致分区中的数据丢失。下面介绍如何在 Windows 11 操作系统中利用自带的工具调整分区的容量，具体操作步骤如下。

第1步 单击任务栏中的【搜索】按钮，打开搜索框并输入"计算机管理"，在搜索结果中选择【计算机管理】应用，并单击下方的【打开】命令，如下图所示。

第2步 打开【计算机管理】窗口，单击窗口左侧的【磁盘管理】选项，即可在右侧界面中显示出本机磁盘的信息列表，如下图所示。

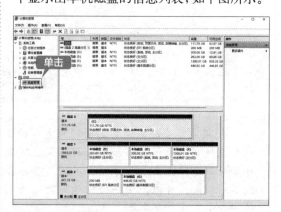

第3步 选择需要调整容量的分区并右击，在弹出的快捷菜单中单击【压缩卷】命令，如下图所示。

第4步 弹出【查询压缩空间】对话框，系统开始查询卷以获取可用的压缩空间，如下图所示。

第5步 弹出【压缩】对话框，在【输入压缩空间量】文本框中输入调整的分区大小"200000"，在【压缩后的总计大小】文本框中会显示调整后的容量，单击【压缩】按钮，如下图所示。

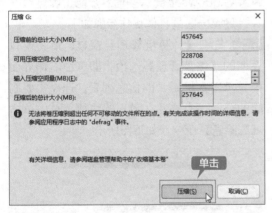

第6步 系统将从 G 盘中划分出 200000MB（约为 195.31GB）的空间，G 盘的容量被调整，如下图所示。

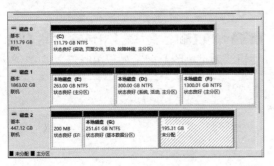

第7步 右击新分区，在弹出的快捷菜单中，单击【新建简单卷】命令，如下图所示。

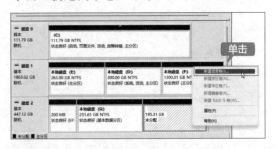

第8步 弹出【新建简单卷向导】对话框，单击【下一页】按钮，如下图所示。

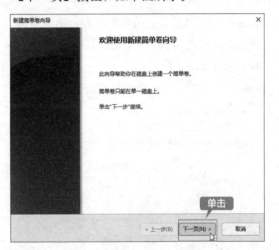

第9步 进入【指定卷大小】界面，单击【下一页】按钮，如下图所示。

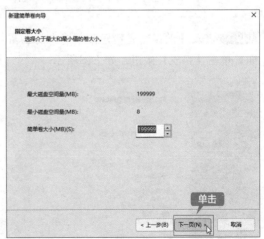

第10步 进入【分配驱动器号和路径】界面，选择驱动器号，如这里选择"H"，单击【下一页】按钮，如下图所示。

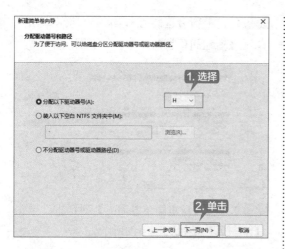

第11步 进入【格式化分区】界面,设置卷标,如这里设置为"新加卷",单击【下一页】按钮,如下图所示。

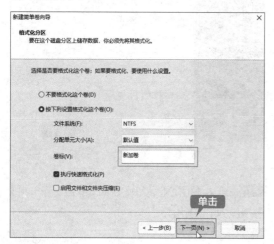

第12步 进入【正在完成新建简单卷向导】界面,单击【完成】按钮,如下图所示。

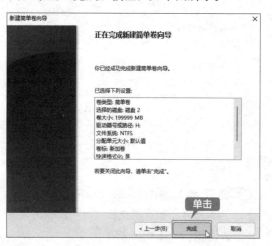

第13步 即会格式化该分区,建立一个卷标为"新加卷",驱动器号为"H"的分区,如下图所示。

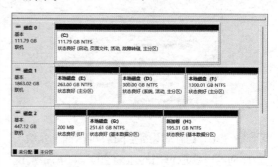

3. 删除分区

删除硬盘分区可以创建可用于创建新分区的空白空间。如果硬盘当前为单个分区,则不能将其删除,也不能删除系统分区、引导分区或任何包含虚拟内存分页文件的分区,因为 Windows 需要这些信息才能正确启动。

删除分区的具体操作步骤如下。

第1步 打开【计算机管理】窗口,单击窗口左侧的【磁盘管理】选项,即可在右侧界面中显示出本机磁盘的信息列表。选择需要删除的分区,右击并在弹出的快捷菜单中单击【删除卷】命令,如下图所示。

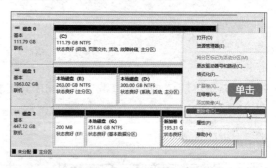

第2步 弹出【删除 简单卷】对话框,单击【是】按钮,即可删除分区,如下图所示。

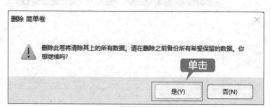

4. 更改驱动器号

利用 Windows 中的【磁盘管理】也可以处理盘符错乱的情况，操作方法非常简单，用户不必再下载其他工具软件，即可处理这一问题。

第1步 打开【计算机管理】窗口，单击窗口左侧的【磁盘管理】选项，在右侧磁盘列表中选择要更改的磁盘并右击，在弹出的快捷菜单中选择【更改驱动器号和路径】命令，如下图所示。

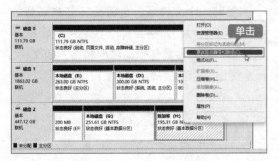

第2步 弹出【更改 H:（新加卷）的驱动器号和路径】对话框，单击【更改】按钮，如下图所示。

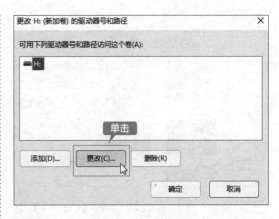

第3步 弹出【更改驱动器号和路径】对话框，单击右侧的下拉按钮，在下拉列表中为该驱动器指定一个新的驱动器号，如下图所示。

第4步 单击【确定】按钮，弹出确认对话框，单击【是】按钮即可完成驱动器号的更改，如下图所示。

◇ 复制文件的路径

有时我们需要快速确定某个文件的位置，如编程时需要引用某个文件的位置，这时可以快速复制文件或文件夹的路径到剪切板，具体操作步骤如下。

第1步 打开【文件资源管理器】，在其中找到要复制路径的文件或文件夹并右击，在弹出的快捷菜单中单击【复制文件地址】命令，即可将其路径复制到剪切板中，如下图所示。

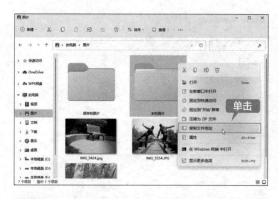

第2步 新建一个记事本文档，按【Ctrl+V】组合键，即可将路径粘贴到记事本中，如下图所示。

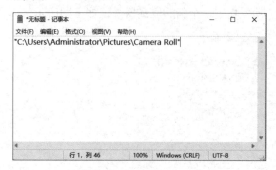

◇ 显示文件的扩展名

Windows 11 系统默认情况下不显示文件的扩展名，用户可以更改设置以显示文件的扩展名，具体操作步骤如下。

第1步 打开任意文件夹窗口，单击【查看】→【显示】→【文件扩展名】选项，如下图所示。

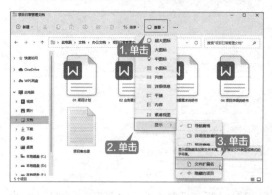

第2步 即可看到文件的扩展名，如下图所示。

◇ 文件复制冲突的解决方式

复制一个文件后，当需要将其粘贴到目标文件夹中时，如果目标文件夹中包含一个与要粘贴的文件具有相同名称和格式的文件，就会弹出一个信息提示框，如下图所示。

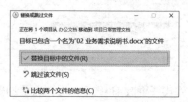

如果选择【替换目标中的文件】选项，则要粘贴的文件会替换原来的文件。

如果选择【跳过该文件】选项，则不粘贴复制的文件，保留原来的文件。

如果选择【比较两个文件的信息】选项，则会打开【1个文件冲突】对话框，询问用户保留哪些文件，如下图所示。

　　如果想要保留两个文件，则勾选两个文件的复选框，这样复制的文件将在名称中添加一个编号，如下图所示。

　　单击【继续】按钮，返回文件夹窗口，可以看到添加编号的文件与原文件，如下图所示。

| 提示 |

　　在日常工作中，对文件进行命名时，一定要养成好的命名习惯，保持命名规则的一致性和描述性，不仅便于搜索文档，也能为工作带来便利。文档的命名可以包含以下信息。（1）文档内容（项目的名称或简写）；（2）版本信息（如果对文档进行了修改，可以写明几版几次修改）；（3）时间日期（日期格式建议使用 YYYYMMDD 或 YYMMDD，方便排序）；（4）更改人员（如果某人进行了修改，可以在标题上标明，也易于区分）。

　　另外，在命名文件时，切勿使用空格、特殊符号等，如果使用数字编号，建议以"0"开头，如"001、002、003……"，避免使用"1，2，3……"，否则不利于文件的排序。

第5章

程序管理——软件的安装与管理

🔘 本章导读

一台完整的电脑包括硬件和软件，软件是电脑的管家，用户需要借助软件来完成各项工作。在安装完操作系统后，用户首先要考虑的就是安装软件。通过安装各种类型的软件，可以大大提高电脑的工作效率。本章主要介绍软件的安装、升级、卸载等基本操作。

✈ 思维导图

5.1 认识常用的软件

软件是多种多样的，渗透了各个领域，分类也极为丰富，主要包括文件处理类、聊天社交类、网络应用类、安全防护类、影音图像类等，下面介绍常用的几类软件。

1. 文件处理类

电脑办公离不开文件的处理。常见的文件处理软件有 Microsoft Office、WPS Office、Adobe Acrobat 等。如下图所示为 Excel 2021 的操作界面。Microsoft Office 办公组件主要包括 Word、Excel、PowerPoint 和 Outlook 等。通过 Microsoft Office 办公组件，可以实现文档的编辑、排版和审阅，表格的设计、排序、筛选和计算，演示文稿的设计、制作及电子邮件的收发等操作。

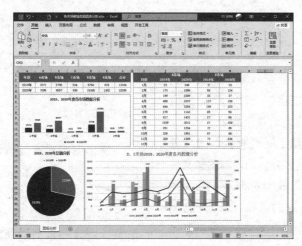

2. 聊天社交类

目前网络上的聊天社交类软件有很多，比较常用的有腾讯 QQ（简称 QQ）、微信等。

QQ 是一款基于互联网的即时通信软件，支持显示好友在线信息、即时聊天、即时传输文件等。另外，QQ 还有发送离线文件、共享文件、QQ 邮箱、游戏等功能，QQ 的聊天窗口如下图所示。

微信目前主要应用在智能手机上，支持收发语音消息、视频、图片和文字，可以进行群聊。微信除了手机客户端外，还有电脑客户端，如下图所示为电脑客户端的聊天窗口。

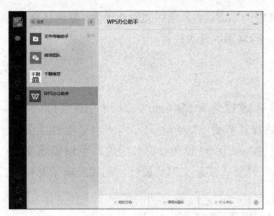

3. 网络应用类

在工作中，经常需要查找或下载资料，通过网络可以快速完成这些工作。常见的网络应用类软件有浏览器、下载工具等。

浏览器是指可以显示网页服务器或文件系统的 HTML 文件内容，并让用户与这些文件进行交互的软件。常见的浏览器有 Microsoft Edge 浏览器、搜狗高速浏览器、360 安全浏览器等。如下图所示为 Microsoft Edge 浏览器界面。

4. 安全防护类

在使用电脑办公的过程中，有时电脑会出现死机、黑屏、自动重启、反应速度慢或中毒等现象，导致文件丢失。为了防止这些现象发生，用户一定要做好防护措施。常用的免费安全防护类软件有 360 安全卫士、腾讯电脑管家等。

360 安全卫士是一款由奇虎 360 推出的安全防护软件，因其功能强、效果好而广受用户欢迎。360 安全卫士拥有查杀木马、清理插件、修复漏洞、电脑体检、保护隐私等多种功能，并独创了"木马防火墙"功能。360 安全卫士的使用极其方便，用户口碑极佳，用户数量庞大，其主界面如下图所示。

腾讯电脑管家是腾讯公司出品的一款安全防护软件，集专业病毒查杀、智能软件管理、系统安全防护功能于一身，同时还融合了垃圾清理、电脑加速、修复漏洞、软件管理、电脑诊所等一系列辅助管理功能，满足用户杀毒防护和安全管理的双重需求，其主界面如下图所示。

5. 影音图像类

在工作中，经常需要编辑图片或播放影

音等，这时就需要使用影音图像类软件。常
见的影音图像类软件有 Photoshop、美图秀
秀、爱奇艺等。

Photoshop 是专业的图形图像处理软件，
是设计师的必备工具之一。Photoshop 不仅为
图形图像设计提供了一个更加广阔的平台，而
且在图像处理中还有"化腐朽为神奇"的功能。
如下图所示为 Photoshop 2020 的软件界面。

5.2 实战1: 安装软件

获取软件安装包的方法主要有 3 种，分别是从软件官方网站下载、从应用商店中下载和从
软件管家中下载。

5.2.1 官网下载

官方网站(简称官网)是公开团体主办者体现其意志想法，团体信息公开，并带有专用、权威、
公开性质的一种网站，从官网上下载软件安装包是最常用的方法。

从官网上下载软件安装包的操作步骤如下。

第1步 打开浏览器，使用搜索引擎搜索软件
官网或直接在地址栏中输入官网网址。以下
载 QQ 软件安装包为例，打开 QQ 软件安装
包的下载页面，单击【立即下载】按钮，如
下图所示。

第2步 软件安装包开始下载，并在浏览器右
上角显示下载的进度，如下图所示。

第3步 下载完成后，单击【打开文件】命令，
即可运行该软件的安装程序，如下图所示。

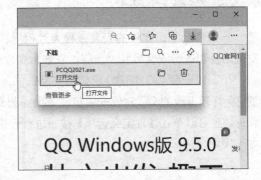

第4步 在【下载】界面中单击【在文件夹中显示】按钮 ▭，即可打开软件安装包所在的文件夹，如下图所示。

5.2.2 注意事项

在安装软件的过程中，需要注意一些事项，下面进行详细介绍。

（1）安装软件时注意安装地址。

多数情况下，软件的默认安装地址在 C 盘，但 C 盘是电脑的系统盘，如果 C 盘中安装了过多的软件，很可能导致软件无法运行或运行缓慢。

（2）安装软件是否有捆绑软件。

很多时候，在安装软件的过程中，会安装一些用户不知道的软件，这些软件被称为捆绑软件。安装软件的过程中，一定要注意是否有捆绑软件，如果有，一定要取消捆绑软件的安装。

（3）电脑中不要安装过多或功能相同的软件。

每个软件安装在电脑中都会占据一定的电脑资源，如果安装的软件过多，会使电脑反应变慢。安装功能相同的软件也可能导致两款软件之间出现冲突，使软件无法正常运行。

（4）安装软件时尽量选择正式版软件，不要选择测试版软件。

测试版软件意味着这款软件可能并不完善，还存在很多的问题，而正式版则是经过了无数的测试，确认使用时不会经常出现问题后才推出的软件。

（5）安装的软件一定要经过电脑安全软件的安全扫描。

经过电脑安全软件扫描后确认无毒无木马的软件比较安全，可以放心地使用。如果安装时出现了警告或阻止的情况，建议停止安装，选择安全的站点重新下载之后再安装该软件。

5.2.3 开始安装

一般情况下，软件的安装过程大致相同，分为运行软件的安装程序、接受许可协议、选择安装路径和进行安装等几个步骤，有些付费软件还会要求输入注册码或产品序列号等。

下面以安装 QQ 为例介绍如何安装软件，具体操作步骤如下。

第1步 打开下载的 QQ 软件安装包，弹出安装对话框，用户可以单击【立即安装】按钮直接安装软件，也可以单击【自定义选项】按钮进行自定义安装。这里单击【自定义选项】按钮进行安装，如下图所示。

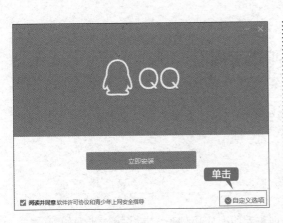

第2步 设置软件的安装项及安装地址,单击【立即安装】按钮,如下图所示。

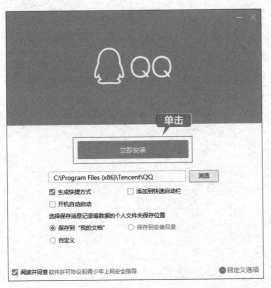

第3步 软件即会进入安装状态,在如下图所示的界面中显示安装进度。

第4步 安装完成后,取消勾选安装推荐软件复选框,然后单击【完成安装】按钮,如下图所示。

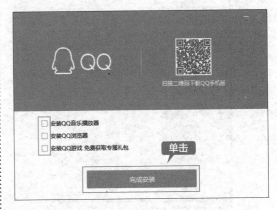

第5步 软件即可启动,打开软件界面,如下图所示。

5.3 实战 2：查找安装的软件

软件安装完成后，可以在此电脑中查找安装的软件，包括查看所有应用列表、按首字母和数字查找等方式。

5.3.1 查看所有应用列表

在 Windows 11 操作系统中，用户可以轻松地查看所有应用列表，具体操作步骤如下。

第1步 单击【开始】按钮■或按【Windows】键，在打开的【开始】菜单中单击【所有应用】按钮，如下图所示。

第2步 即可打开所有应用列表，向上或向下滚动鼠标滚轮即可浏览所有安装的软件，如下图所示。

第3步 在所有应用列表中，如果有文件夹图标■，可以单击其右侧的【展开】按钮∨，展开并查看其中包含的内容，如下图所示。

另外，【开始】菜单中【推荐的项目】区域下显示了最近添加的软件及文件。单击【更多】按钮，如下图所示。

即可打开推荐的项目列表，单击相应选项即可快速启用软件或文件，如下图所示。

5.3.2 按首字母查找软件

如果所有应用列表中包含很多软件，在查找某个软件时，会比较麻烦。在 Windows 11 的【开始】菜单中应用是按首字母进行排序的，用户可以通过首字母来查找软件，具体操作步骤如下。

第1步 单击所有应用列表中的任一字母选项，如单击字母 C，如下图所示。

第2步 即可弹出字母搜索面板，如这里需要查找首字母为"T"的软件，单击面板中的【T】字母，如下图所示。

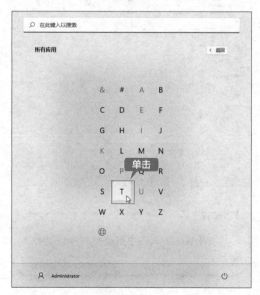

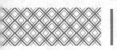

第3步 随即返回所有应用列表，可以看到首先显示的就是首字母为"T"的应用列表，如下图所示。

5.3.3 重点：使用搜索框快速查找软件

Windows 11 大大提高了系统的检索速度，借助搜索框，可以快速找到目标软件，且支持模糊搜索，与按首字母查找软件相比，更为快捷和准确。

第1步 单击任务栏中的【搜索】图标 🔍，打开搜索框，单击【应用】选项，如下图所示。

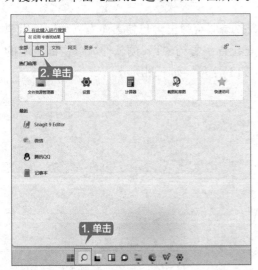

第2步 输入要搜索的软件名称，如搜索"微信"，即会立即匹配相关的应用，单击【打开】命令即可启动该软件，如下图所示。

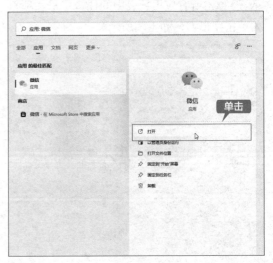

| 提示 |

按【Windows+S】组合键可以快速打开搜索框。

另外，如果仅知道软件的部分字母或关键文字，也可以通过搜索框快速查找。如要查找 Adobe Acrobat 7.0 Professional，软件名

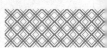

称较长，很难记忆，可以输入"adob""acr"或"pro"等，通过模糊搜索找到该软件，如下图所示。

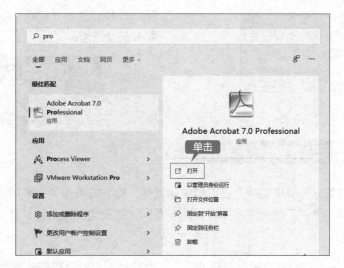

5.4 实战 3：更新和升级软件

软件并不是一成不变的，软件公司会根据用户的需求，不断推陈出新，更新一些新的功能，提高软件的用户体验。下面将分别介绍软件自动检测升级和使用第三方管理软件升级的具体方法。

5.4.1 使用软件自动检测升级

下面以更新"腾讯 QQ"软件为例，介绍软件升级的一般步骤。

第1步 在 QQ 主界面中，单击【主菜单】按钮，在弹出的菜单中，单击【升级】选项，如下图所示。

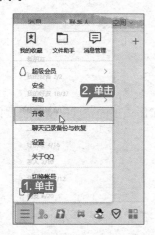

第2步 如果软件有新版本，则会弹出对话框并提示"你有最新 QQ 版本可以更新了！"，单击【更新到最新版本】按钮，如下图所示。

第3步 此时即会开始下载新版本，并在桌面右下角显示"QQ更新"提示框，如下图所示。

第4步 更新下载完成后，弹出如下图所示的提示框，单击【立即重启】按钮，即可完成软件的升级。重启并登录 QQ 后，会弹出新功能介绍对话框。

5.4.2 使用第三方管理软件升级

用户可以通过第三方管理软件升级电脑中的软件，如 360 安全卫士和腾讯电脑管家等，第三方管理软件使用方便，可以一键升级软件。下面以 360 安全卫士为例，介绍如何一键升级电脑中的软件。

第1步 打开 360 安全卫士中的"360 软件管家"界面，在顶部的【升级】图标上，可以看到显示的数字"3"，表示有 3 款软件可以升级，如下图所示。

第2步 单击【升级】图标，在【升级】界面

中即可看到可升级的软件列表。如果要升级单个软件，单击该软件右侧的【升级】按钮即可；如果要升级全部软件，单击界面右下角的【一键升级】按钮，即可同时升级多个软件，如下图所示。

5.5 实战4：卸载软件

当安装的软件不再有使用需要时，可以将其卸载，以腾出更多的空间来安装需要的软件，在 Windows 11 操作系统中，卸载软件有以下 3 种方法。

5.5.1 在"程序和功能"窗口中卸载软件

在 Windows 11 操作系统中，在"程序和功能"窗口中卸载软件是基本的方法，具体操作步骤如下。

第1步 单击【开始】按钮▦，打开所有应用列表，右击要卸载的软件图标，在弹出的菜单中，单击【卸载】命令，如下图所示。

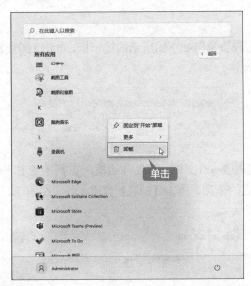

第2步 打开【程序和功能】窗口，再次选择要卸载的软件，单击【卸载／更改】按钮，如下图所示。

| 提示 |

有些软件在被选择后，会直接显示【卸载】按钮，单击该按钮即可。

第3步 在弹出的软件卸载对话框中，选择【放弃列表中 0 首歌曲，狠心卸载】单选按钮，然后单击【下一步】按钮，如下图所示。

| 提示 |

不同的软件卸载对话框中的选项有所不同，用户根据实际情况选择即可。

第4步 软件即会开始卸载，并显示卸载进程，如下图所示。

第5步 卸载完成后，单击【完成】按钮，即可完成卸载，如下图所示。

| 提示 |

部分软件在单击【完成】按钮前，需确认没有勾选安装其他软件的复选框，否则将会在卸载完成后，安装其他勾选的软件。

5.5.2 在"应用和功能"界面中卸载软件

Windows 11 系统中的【设置】面板代替了低版本操作系统中【控制面板】中的部分功能。在 Windows 11 系统中，依然保留并优化了【控制面板】。下面介绍在【应用和功能】界面中卸载软件的方法。

第1步 右击【开始】按钮，在弹出的菜单中，单击【应用和功能】命令，如下图所示。

| 提示 |

也可以按【Windows+I】组合键，打开【设置】面板，单击【应用】→【应用和功能】选项，进入【应用和功能】界面。

第2步 进入【应用和功能】界面，选择要卸载的程序，单击其右侧的按钮 ⋮，在弹出的列表中，单击【卸载】选项，如下图所示。

第3步 弹出如下图所示的提示框，单击【卸载】按钮。

第4步 弹出软件卸载对话框，在其中选择相应的选项，单击【卸载】按钮，如下图所示。

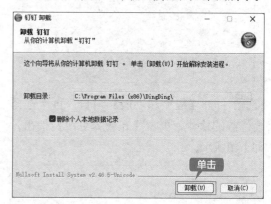

第5步 卸载完成后，单击【确定】按钮即可，如下图所示。

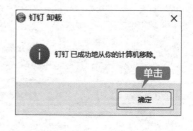

5.5.3 使用第三方管理软件卸载软件

用户还可以使用第三方管理软件，如 360 软件管家、腾讯电脑管家等来卸载电脑中不需要的软件。

以 360 软件管家为例，单击【卸载】图标，进入软件卸载列表，勾选要卸载的软件，单击【一键卸载】按钮，即可完成卸载，如下图所示。

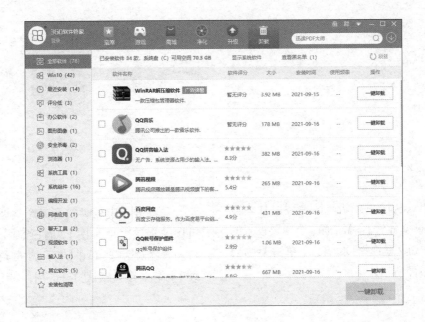

设置文件的默认打开方式

　　电脑的功能越来越强大，应用软件的种类也越来越多，用户经常会在电脑上安装多个同样功能的软件，这时该怎么将其中一个软件设置为默认应用呢？设置默认应用的方法有多种，下面以在"默认应用"界面设置为例，介绍设置系统默认应用的方法。

第1步 按【Windows+I】组合键，打开【设置】面板，单击【应用】→【默认应用】选项，如下图所示。

第2步 进入【默认应用】界面，其中显示了电脑中的默认应用程序，用户可以根据需要设置默认应用，如单击【Groove 音乐】应用，

如下图所示。

第3步 即可显示该应用支持打开的文件或链接类型。这里更改".aac"文件的默认打开方式，单击其右侧的 按钮，如下图所示。

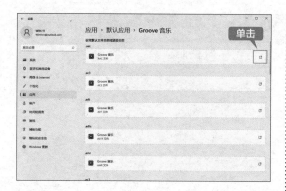

第4步 弹出【从现在开始，你希望以什么方式打开 .aac 文件？】对话框，选择要设置的默认应用，如这里选择QQ音乐，单击【确定】按钮，如下图所示。

第5步 返回【应用－默认应用－Groove 音乐】界面，可以看到".aac"文件格式下的默认应用为 QQ 音乐，如下图所示。

第6步 打开包含该类型文件的文件夹，可以看到其文件图标变为了"QQ 音乐"图标，如下图所示。

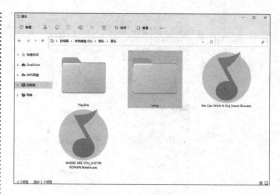

如果要指定软件打开某个类型的文件，可以选择该文件，按【Alt+Enter】组合键，打开属性对话框，单击【打开方式】右侧的【更改】按钮，设置默认打开应用，如下图所示。

另外，用户也可以将常用的播放和浏览软件设置为默认应用，如默认视频播放器、浏览器等。例如，使用 360 安全卫士进行设置，在其主界面中，单击【功能大全】→【系统】→【默认软件】图标，启动该工具，如下图所示。

即会弹出【默认软件设置】界面，在该界面中可以设置默认软件。例如，如果希望将默认音乐播放器设置为"QQ音乐"，单击"QQ音乐"下方的【设为默认】按钮即可，如下图所示。

◇ **为电脑安装更多字体**

如果想在电脑中使用一些特殊的字体，如草书、毛体、广告字体、艺术字体等，都需要用户自行安装。为电脑安装字体的具体操作步骤如下。

第1步 下载字体包。如下图所示为下载的字体包文件夹。

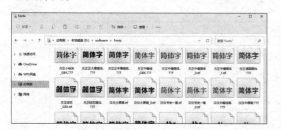

第2步 选中需要安装的字体并右击，在弹出的快捷菜单中单击【显示更多选项】命令，如下图所示。

第3步 单击快捷菜单中的【安装】命令，如下图所示。

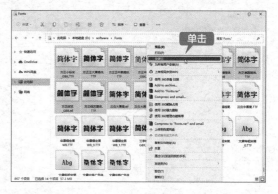

第4步 弹出【正在安装字体】对话框，其中显示了字体的安装进度，如下图所示，安装完成后即可使用字体。

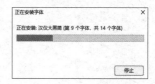

提示

　　如果安装的字体要用于商业用途，则需确认字体的商业版权。如果字体是收费的，应向字体的版权方购买；如果字体是免费的，则应确认字体是否需要获得版权方授权，否则可能会侵犯字体版权方的著作权。

◇ **如何强制关闭无任何响应的应用**

　　在使用电脑的过程中，有时会遇到应用程序无任何响应的情况。对于长时间无响应的应用，最简单的处理方法是关闭该应用，但如果使用常用的关闭方式无法将其关闭，就需要进行强制关闭，具体操作方法如下。

第1步 按【Ctrl+Shift+Esc】组合键，打开【任务管理器】窗口，在应用列表中选择无响应的应用，然后单击【结束任务】按钮，如下图所示。

第2步 即可看到应用列表中已无该程序，如下图所示。

第 **2** 篇

网络应用篇

第6章

电脑上网——网络的连接与设置

📃 本章导读

互联网影响着人们生活和工作的方式,通过网络可以和千里之外的人进行交流。目前,联网的方式有很多种,主要的联网方式包括光纤宽带上网、小区宽带上网和无线上网等。

📡 思维导图

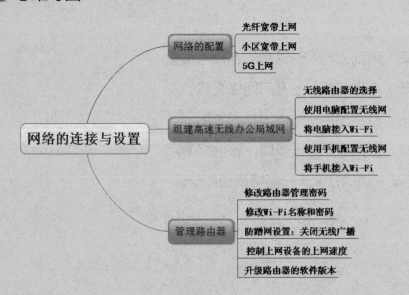

6.1 实战1：网络的配置

上网的方式多种多样，主要的上网方式包括光纤宽带上网、小区宽带上网、电力线上网等，不同的上网方式带来的网络体验也不同，本节主要介绍有线网络的设置。

6.1.1 光纤宽带上网

随着人们对网速要求的提高，光纤入户成为了目前最常见的家庭联网方式，一般常见的服务商联通、电信和移动都是采用光纤入户的方式，配合千兆光 Modem，用户即可享用光纤上网，速度达百兆至千兆。与之前的 ADSL 接入方式相比，光纤宽带上网以光纤为信号传播载体，在光纤两端装设光 Modem，把传输的数据由电信号转换为光信号进行通信，具有速度快、掉线少的优点。

1. 开通业务

常见的宽带服务商为联通、电信和移动，申请开通宽带上网业务一般可以通过两种途径，一种是携带有效证件，直接到受理宽带业务的当地宽带服务商营业厅申请；另一种是登录当地宽带服务商网站进行在线申请。申请宽带业务后，当地服务商的工作人员会上门安装光 Modem（俗称光纤猫或光猫）并做好上网设置。

> **提示**
>
> 用户申请后会获得一组上网账号和密码。有的宽带服务商会提供光 Modem，有的则不提供，用户需要自行购买。

2. 设备的安装与设置

一般情况下，网络服务商的工作人员上门安装光纤时，在将光纤线与光 Modem 连通后，会对连接情况进行测试。如果没有带无线功能的光 Modem，需要通过路由器或电脑进行拨号联网。如下图所示，左侧接口为光纤网接口，由工作人员接入，其右侧的两个口为 LAN 接口（局域网接口），用于连接

其他拨号上网设备，如电脑、路由器等，最右侧是电源接口和开关按钮，主要负责连接电源和开 / 关设备。

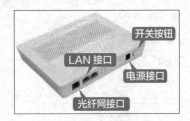

如果使用上述的光 Modem 设备，可用一根网线，一端接入电脑主机后面的 RJ45 网线接口，另一端接入光 Modem 中任意一个 LAN 接口，启动电脑，并进行如下设置，为电脑拨号联网。

第 1 步 右击任务栏中的【网络】按钮，在弹出的菜单中单击【网络和 Internet 设置】选项，如下图所示。

第 2 步 弹出【网络 &Internet】设置界面，单击【拨号】选项，如下图所示。

第3步 进入【拨号】界面，单击【宽带连接】下的【连接】按钮，如下图所示。

第4步 弹出【Windows 安全中心 – 登录】对话框，在【用户名】和【密码】文本框中输入服务商提供的用户名和密码，单击【确定】按钮，如下图所示。

第5步 即可看到宽带正在连接，连接完成后即可看到【网络 &Internet】设置界面中显示的"已连接"字样，如下图所示。此时可以打开网页测试网络。

| 提示 |

网络配置成功后，网络图标会由【不可访问 Internet】状态 变为【访问 Internet】状态 。

目前，无线光 Modem 已逐渐替代老式光 Modem，如下图所示。服务商大多会为新入网用户提供无线光 Modem，它与老式光 Modem 相比，拥有无线功能，可以直接拨号联网，从光 Modem 的 LAN 接口接出的网线可以直接连接路由器、电脑、交换机、电视等设备。一般情况下，无线光 Modem 虽然有无线功能，但是其信号覆盖面积小，建议接入一个路由器，以达到更好的网络覆盖效果。

| 提示 |

不同的无线光 Modem 设备，其 LAN 接口也会稍有区别，如有的 LAN 接口仅支持连接电视，不能连接路由器。部分光 Modem 设备 LAN 接口有百兆和千兆之分，如果带宽为 100 兆以内，可接入任意 LAN 接口，搭配百兆路由器即可；如果带宽为 100 兆以上，建议采用千兆路由器，并接入千兆 LAN 接口，因为百兆路由器最大支持 100 兆带宽，即便带宽为 300 兆，采用百兆路由器的网速也仅相当于 100 兆带宽，而使用千兆路由器，则可达到 300 兆带宽，且最大可支持 1000 兆带宽。正确接入 LAN 接口并选择合适的路由器，可以有更好的上网体验。

6.1.2 小区宽带上网

小区宽带一般指的是光纤到小区，也就是 LAN 宽带，使用大型交换机，分配网线给各户，不需要使用 ADSL Modem 设备，电脑配有网卡即可连接上网，整个小区共享一根光纤。在用户不多的时候，速度非常快。这是大中城市目前比较普遍的一种宽带接入方式，有多家服务商提供此类宽带接入方式，如联通、电信和长城宽带等。

1. 开通业务

小区宽带的开通申请比较简单，用户只需携带自己的有效证件和本机的物理地址到负责小区宽带的服务商申请即可。

2. 设备的安装与设置

小区宽带申请开通业务后，服务商会安排工作人员上门安装。另外，不同的服务商会提供不同的上网信息，有的会提供上网的用户名和密码，有的会提供 IP 地址、子网掩码及 DNS 服务器，也有的会提供 MAC 地址。

3. 电脑端配置

不同的小区宽带上网方式，设置方法也不同。下面介绍不同小区宽带上网方式的设置方法。

（1）使用用户名和密码

如果服务商提供上网的用户名和密码，用户只需将服务商接入的网线连接到电脑上，在【登录】对话框中输入用户名和密码，即可连接上网，如下图所示。

（2）使用 IP 地址上网

如果服务商提供 IP 地址、子网掩码及 DNS 服务器，用户需要在本地连接中设置 Internet（TCP/IP）协议，具体操作步骤如下。

第1步 用网线将电脑的以太网接口和小区的网络接口连接起来，然后在【网络】图标🖵上右击，在弹出的快捷菜单中单击【网络和 Internet 设置】命令，打开【网络 &Internet】界面，单击【以太网】选项，如下图所示。

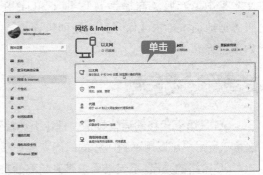

第2步 进入【以太网】界面，单击【IP 分配】右侧的【编辑】按钮，如下图所示。

第3步 弹出【编辑 IP 设置】对话框，打开下拉列表选择【手动】选项，如下图所示。

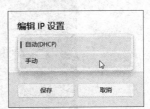

第4步 根据 IP 情况，选择 IP 协议，如这里单击【IPv4】开关，如下图所示。

第5步 设置开关为开  开后，即可在下面的文本框中填写服务商提供的 IP 地址和 DNS 服务器地址，单击【保存】按钮即可连接，如下图所示。

6.1.3 5G 上网

5G 是第五代移动通信技术，理论上传输速度可达 10Gbit/s，比 4G 网络传输速度快百倍，这意味着用户可以用不到 1 秒的时间完成一部超高画质电影的下载。

5G 网络的推出，不但给用户带来超高的带宽，而且以其延迟较低的优势，广泛应用于物联网、远程驾驶、自动驾驶、远程医疗手术及工业智能控制等方面。目前，我国主要一、二线城市已经覆盖 5G 网络，随着 5G 基站的增加，5G 网络将覆盖更多的地区，使更多的用户可以享受高速率的 5G 网络。

目前，支持 5G 的智能终端主要有手机、笔记本电脑及平板电脑等，如果用户想使用 5G 网络，在拥有 5G 设备终端的前提下，将 SIM 卡开通 5G 网络服务，即可使用 5G 上网。开通 5G 上网服务后，设备终端的上网标识会显示 5G 字样（如下左图所示），其上网速度也会大大提升。

如果使用的是 5G 智能终端，且在 5G 网络覆盖下，设备却没有 5G 上网标识，可在设备的移动网络设置界面，查看【启用 5G 网络】功能是否开启，如下右图所示。

另外，用户也可以将设备的 5G 信号通过热点分享的形式，供其他无线设备接入网络，同样可以享受超快的 5G 网络，如下图所示。

6.2 实战 2：组建高速无线办公局域网

无线局域网络的搭建给家庭无线办公带来了很多便利，用户可以在信号范围内的任意位置使用网络而不受束缚，大大满足了现代人的需求。建立无线局域网的操作比较简单，在有线网络到户后，用户只需连接一个无线路由器，即可建立无线网络，供其他智能设备联网使用。

6.2.1 无线路由器的选择

路由器对于大多数家庭来说，已是必不可少的网络设备，尤其是家庭中拥有无线终端设备，需要通过无线路由器接入网络。下面介绍如何选购路由器。

1. 关于型号的认识

在购买路由器时，会发现标注有 1200M、1900M、2400M、3000M 等，这里的 M 是 Mbit/s（比特率）的简称，是描述数据传输速度的单位。理论上，600Mbit/s 的网速，字节传输的速度是 75MB/s，1200Mbit/s 的网速，字节传输的速度是 150MB/s，用公式表示就是 1MB/s=8Mbit/s。

2. 网络接口

无线路由器网络接口一般分为千兆和百兆，目前服务商提供的网络带宽已经达到 200MB/s 以上，建议选择千兆网络接口。

3. 产品类型

按照用途分类，路由器主要分为家用路由器和企业级路由器两种，家用路由器一般发射频率较小，接入设备也有限，主要满足家庭使用需求；而企业级路由器由于用户较多，发射频率较大，支持更高的无线带宽和更多用户的使用，而且固件具有更多功能，如端口扫描、数据防毒、数据监控等，其价格也较贵。如果是企业用户，建议选择企业级路由器，否则网络的使用会受影响，如网速慢、不稳定、易掉线、设备死机等。

另外，路由器也分为普通路由器和智能路由器，其最主要的区别是，智能路由器拥有独立的操作系统，可以实现智能化管理，用户可以自行安装各种应用控制带宽、在线人数、浏览网页、在线时间，而且拥有强大的 USB 共享功能。华为、华硕、TP-Link、小米等企业推出了自己的智能路由器，已经被广泛使用。

华为 WS5200
四核版路由器

华硕 AX3000 双频 3000M
Wi-Fi 6 电竞路由器

4. 单频、双频还是三频

路由器的单频、双频和三频指的是支持的无线网络通信协议。单频仅支持 2.4GHz 频段，目前已被逐渐淘汰；双频包含了两个无线频段，一个是 2.4GHz，一个是 5GHz，在传输速度方面，5GHz 频段的传输速度更快，但是其传输距离和穿墙性能不如 2.4GHz；三频包含了一个 2.4GHz 和两个 5GHz 无线频段，比双频路由器多了一个 5GHz 频段，方便用户区分不同无线频段中的低速和高速设备，尤其是家中拥有大量智能家居和无线设备时，三频路由器拥有更高的网络承载力，不过价格较贵，一般用户选用双频路由器即可。

5. Wi-Fi 5 还是 Wi-Fi 6

Wi-Fi 5 和 Wi-Fi 6 是 Wi-Fi 的 协 议，类似于移动网络的 4G、5G，目前使用较为广泛的是 Wi-Fi 5 标准的路由器，而 Wi-Fi 6 路由器也推出了一段时间，并覆盖高端、中端和低端三个档位。Wi-Fi 6 路由器最大支持 160MHz 频宽，速度比 Wi-Fi 5 路由器快 3 倍，同时支持更多的设备并发，对于家庭中有多个智能终端的用户来说是不错的选择。

6. 安全性

由于路由器是网络中比较关键的设备，对于网络中存在的各种安全隐患，路由器必须能保证线路安全。选购路由器时，安全性能是重要的参考指标之一。

7. 控制软件

路由器的控制软件是管理路由器功能的一个关键环节，从软件的安装、参数设置，到软件的版本升级都是必不可少的。软件的安装、参数设置及调试越方便，用户就越容易掌握，从而更好地应用。如今不少路由器已提供 App 支持，用户可以使用手机调试和管理路由器，对于初级用户上手非常方便。

6.2.2 重点：使用电脑配置无线网

建立无线局域网的第一步就是配置无线路由器，使用电脑配置无线网的操作步骤如下。

1. 设备的连接

在配置无线网时，应先将准备的路由器、光纤猫及设备连接起来。

首先，确保光纤猫连接正常，将光纤猫接入电源，并将网线插入光纤猫的入网口，确保显示灯正常。

然后，准备一根 1 米左右的网线，将网线插入光纤猫的 LAN 口(连接局域网的接口），并将另一端插入路由器的 WAN 口（连接网络或宽带的接口），将路由器接入电源。如果家里配有弱电箱，预埋了网线，则需将弱电箱中的预留网线接入光纤猫，并使用一根短的网线连接预留网口（如电视背景墙后的网口）和路由器的 WAN 口。

最后，准备一根网线，连接路由器的 WAN 口和电脑的网口，即可完成设备的连接工作。

具体可参照下图进行连接。

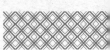

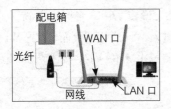

|提示|

如果电脑支持无线功能或希望使用手机配置网络，只需执行前两步连接工作即可，不需要再使用网线连接路由器和电脑。

2. 配置网络

网络设备及网线连接完成后，即可开始设置网络。本节以荣耀路由器为例进行介绍，其他品牌的路由器同样可以参照本节介绍的步骤进行操作。

（1）将电脑接入路由器

如果设备是台式电脑，已经使用网线将路由器和电脑连接，则表示已经将电脑接入路由器。如果电脑支持无线功能或使用其他无线设备，则可按照以下步骤进行连接。

第1步 确保电脑的无线网络功能已开启，单击任务栏中的网络按钮，在弹出的面板中，单击【管理 WLAN 连接】按钮，如下图所示。

第2步 在弹出的网络列表中，选择要接入路由器的网络，并单击【连接】按钮，如下图所示。

|提示|

一般新路由器或恢复出厂设置的路由器在接入电源后，无线网初始状态都是无密码的，方便用户接入并设置网络。

另外，在无线网列表中，显示有"开放"字样的网络，表示没有密码，但请谨慎连接。显示有"安全"字样的网络，表示网络已加密，需要输入密码才能访问。

第3步 待网络连接成功后，即表示电脑或无线设备已经接入路由器网络中，如下图所示。

|提示|

大部分新款智能路由器连接至网络后，会自动跳转至后台管理页面。

（2）配置账户和密码

第1步 打开浏览器，在地址栏中输入路由器的后台管理地址"192.168.3.1"，按【Enter】键即可打开路由器的登录页面，单击【继续配置】按钮，如下图所示。

第2步 进入设置向导页面，选择上网方式，一般路由器会根据所处的上网环境推荐上网方式，这里选择【拨号上网】，在下方文本框中输入宽带账号和密码，单击【下一步】按钮，如下图所示。

（3）设置 Wi-Fi 名称和密码

第1步 进入 Wi-Fi 设置页面，设置 Wi-Fi 名称和密码，单击【下一步】按钮，如下图所示。

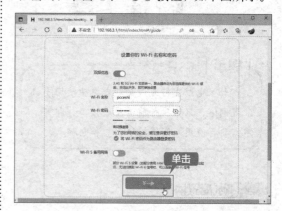

第2步 选择 Wi-Fi 功率模式，这里默认选择【Wi-Fi 穿墙模式】，单击【下一步】按钮，如下图所示。

第3步 配置完成后，重启路由器即可生效，如下图所示。

至此，路由器无线网络配置完成。

6.2.3 重点：将电脑接入 Wi-Fi

网络配置完成后，即可接入 Wi-Fi 网络，测试网络是否配置成功。

笔记本电脑具有无线网络功能，但是大部分台式电脑没有无线网络功能，要想接入无线网，需要安装无线网卡，以实现电脑无线上网。本节介绍如何将电脑接入无线网，具体操作步骤如下。

第1步 在无线网列表中，选择要连接的无线网，单击【连接】按钮，如下图所示。

第2步 在弹出的【输入网络安全密钥】文本框中输入设置的无线网密码，单击【下一步】按钮，如下图所示。

第3步 此时，电脑会尝试连接该网络，并对密码进行验证，如下图所示。

第4步 待显示"已连接，安全"时，表示无线网已连接成功，如下图所示，此时可以打开网页或软件，进行联网测试。

6.2.4 重点：使用手机配置无线网

除了使用电脑配置无线网外，用户还可以使用手机对无线网进行配置，具体操作步骤如下。

第1步 打开手机的 WLAN 功能，即会自动扫描周围可连接的无线网，在列表中选择要连接的无线网，如下图所示。

第2步 由于路由器无线网初始状态下没有密码，可以直接连接网络，待显示"已连接"时，表示连接成功，如下图所示。

第3步 点击已连接的无线网名称或在浏览器中直接输入路由器配置地址"192.168.3.1"，跳转至配置界面，点击【开始配置】按钮，如下图所示。

第4步 进入上网向导，根据选择的上网模式进行设置，这里自动识别为"拨号上网"，分别输入宽带账号和密码，并点击【下一步】按钮，如下图所示。

第5步 设置 Wi-Fi 的名称和密码，然后点击【下一步】按钮，如下图所示。

第6步 选择 Wi-Fi 的功率模式，保持默认设置即可，点击【下一步】按钮，如下图所示。

第7步 设置完成后，点击右上角的【完成】按钮✓，重启路由器即可使设置生效，如下图所示。

6.2.5 重点：将手机接入 Wi-Fi

无线局域网配置完成后，用户可以将手机接入 Wi-Fi，实现无线上网，将手机接入 Wi-Fi 的操作步骤如下。

第1步 在手机中打开 WLAN 列表，选择要连接的无线网络，如下图所示。

第2步 在弹出的对话框中输入无线网络密码，点击【连接】按钮即可连接，如下图所示。

6.3 实战 3：管理路由器

路由器是组建无线局域网的不可缺少的一个设备，尤其是在无线网络被普遍应用的情况下，路由器的安全更是不容忽视。用户可以通过修改路由器管理密码、修改 Wi-Fi 名称和密码、关闭路由器的无线广播功能等方式，提高无线局域网的安全性。

6.3.1 重点：修改路由器管理密码

路由器的初始密码比较简单，为了保证无线局域网的安全，一般需要修改管理密码，部分路由器也称为登录密码，具体操作步骤如下。

第1步 打开浏览器，输入路由器的后台管理地址，进入登录页面，输入当前的登录密码，并按【Enter】键，如下图所示。

第2步 进入路由器后台管理页面，单击【更多功能】选项，如下图所示。

第3步 单击【系统设置】→【修改登录密码】选项，在右侧页面中输入当前密码，并输入要修改的新密码，单击【保存】按钮，如下图所示。

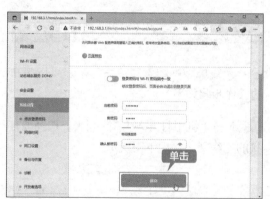

第4步 即可保存设置，保存后表示密码修改成功，如下图所示。

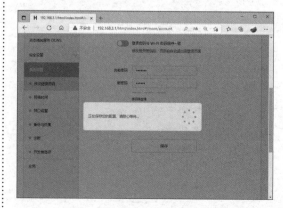

6.3.2 重点：修改 Wi-Fi 名称和密码

　　Wi-Fi 的名称通常是指路由器当中的 SSID 号，该名称可以根据自己的需要进行修改，具体操作步骤如下。

第 1 步 打开路由器的后台设置页面，单击【我的 Wi-Fi】选项，如下图所示。

第 2 步 在【Wi-Fi 名称】文本框中输入新的名称，在【Wi-Fi 密码】文本框中输入要设置的密码，单击【保存】按钮即可保存，如

下图所示，此时路由器会重启。

| 提示 |

用户也可以单独设置名称或密码。

6.3.3 防蹭网设置：关闭无线广播

　　路由器的无线广播功能在给用户带来方便的同时，也带来了安全隐患，因此，在不使用无线广播功能的时候，可以将路由器的无线广播功能关闭，具体操作步骤如下。

第 1 步 打开路由器的后台设置页面，单击【更多功能】→【Wi-Fi 设置】→【Wi-Fi 高级】选项，即可在右侧的页面中显示无线网络的基本设置信息，默认状态下 Wi-Fi 无线广播功能是开启的，如下图所示的【Wi-Fi 隐身】功能为关闭状态，也表示开启了无线广播功能。

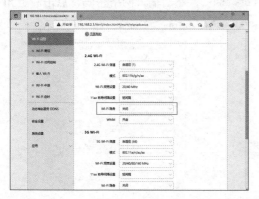

第 2 步 将每个频段的【Wi-Fi 隐身】功能设置为【开启】，单击【保存】按钮即可生效，如下图所示。

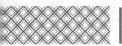

| 提示 |

　　部分路由器默认勾选【开启 SSID 广播】复选框，取消勾选即可。

1. 使用电脑连接

　　使用电脑连接关闭无线广播后的网络的具体操作步骤如下。

第1步 单击任务栏中的网络按钮，在弹出的无线网络列表中，选择【隐藏的网络】，并单击【连接】按钮，如下图所示。

第2步 输入网络的名称，并单击【下一步】按钮，如下图所示。

第3步 输入网络的密码，单击【下一步】按钮，如下图所示。

第4步 连接成功后，即会显示"已连接，安全"，如下图所示。

2. 使用手机连接

　　使用手机连接关闭无线广播后的网络的方法和使用电脑连接基本相同，也需要输入网络名称和密码进行连接，具体操作步骤如下。

第1步 打开手机的 WLAN 功能，在识别的无线网络列表中，点击【添加网络】选项，如下图所示。

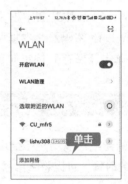

| 提示 |

　　部分手机中的选项名称为"其他"。

第2步 进入【手动添加网络】界面，输入网络名称，并将【安全性】设置为"WPA/WPA2-Personal"，然后输入网络密码，点击右上角的 ✓ 按钮，即可连接网络，如下图所示。

6.3.4 控制上网设备的上网速度

在无线局域网中所有的终端设备都是通过路由器上网的，为了更好地管理各个终端设备的上网情况，管理员可以通过路由器控制上网设备的上网速度，具体操作步骤如下。

第1步 打开路由器的后台设置页面，单击【终端管理】选项，在要控制上网速度的设备后方，将【网络限速】开关设置为"开" ，如下图所示。

第3步 设置完成后，即可看到限速的情况，如下图所示。

第2步 单击【编辑】按钮 ，在限速调整框中输入限速数值，按【Enter】键，如下图所示。

如果要关闭限速，将【网络限速】开关设置为"关" 即可。

6.3.5 升级路由器的软件版本

定期升级路由器的软件版本，既可以修补当前版本中存在的 Bug，也可以提高路由器的性能，具体操作步骤如下。

第1步 进入路由器后台管理页面，在【升级管理】页面中可以看到升级信息，单击【一键升级】按钮，如下图所示。

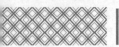

| 提示 |

部分路由器不支持一键升级，可以进入路由器官网，查找对应的型号，下载最新的软件版本到电脑本地，通过本地升级。

第2步 路由器即可自动升级，如下图所示。

第3步 下载新版本软件后，即可安装，如下图所示。此时切勿关闭电源，等待升级即可。

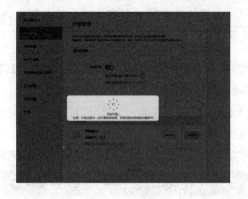

| 提示 |

如果使用的路由器支持手机App管理，也可以在手机端进行管理或升级。

电脑和手机之间的网络共享

电脑和手机的网络是可以相互共享的，在一定程度上为用户使用网络带来了便利。如果电脑不在有线网络环境中，且支持无线网络功能，可以利用手机的"个人热点"功能，为电脑提供网络。另外，Windows 11 操作系统也支持将电脑变成一个 Wi-Fi 热点，供其他无线设备接入。

1. 开启手机移动热点

下面以安卓手机为例介绍电脑通过"个人热点"功能使用手机网络上网的具体操作步骤。

第1步 打开手机的设置界面，点击【个人热点】选项，如下图所示。

第2步 开启【便携式 WLAN 热点】功能，并点击【设置 WLAN 热点】选项，如下图所示。

第3步 设置 WLAN 热点，可以设置网络名称、安全性、密码及 AP 频段等，设置完成后，点击✓按钮，如下图所示。

第4步 单击电脑上任务栏中的【网络】按钮 🌐，在弹出的面板中，单击【管理 WLAN 连接】按钮 〉，如下图所示。

第5步 在弹出的网络列表中，显示了电脑自动搜索的无线网络，可以看到手机的无线网络 "wlan1"，选择该网络并单击【连接】按钮，如下图所示。

第6步 输入网络密码，并单击【下一步】按钮，如下图所示。

第7步 连接成功后，即会显示 "已连接，安全" 信息，如下图所示。

如果电脑没有无线网络功能，可以通过 USB 共享网络的方式，让电脑使用手机网络上网，具体操作步骤如下。

使用数据线将手机与电脑连接，进入手机的【设置】→【个人热点】界面，将【USB 网络共享】功能打开，如下图所示。

2. 开启电脑移动热点

开启电脑移动热点的具体操作步骤如下。

第1步 按【Windows+I】组合键打开【设置】面板，单击【网络 &Internet】→【移动热点】选项，如下图所示。

第2步 在【属性】区域中单击【编辑】按钮，如下图所示。

第3步 弹出【编辑网络信息】对话框，设置网络名称和密码，然后单击【保存】按钮，如下图所示。

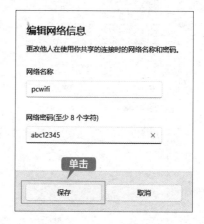

第4步 将【移动热点】的开关设置为"开"，即可开启电脑移动热点，如下图所示。

◇ **诊断和修复网络不通问题**

当电脑不能正常上网时，说明电脑与网络连接不通，这时就需要诊断和修复网络，具体操作步骤如下。

第1步 按【Windows+S】组合键，打开搜索框，输入"查看网络连接"，在显示的搜索结果中，单击【打开】命令，如下图所示。

第2步 打开【网络连接】窗口，右击需要诊断的网络，在弹出的快捷菜单中单击【诊断】命令，如下图所示。

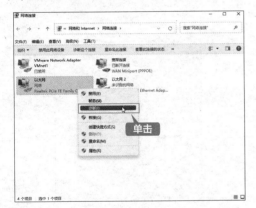

第3步 弹出【Windows 网络诊断】对话框，并显示网络诊断的进度，如下图所示。

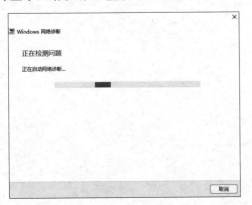

第4步 诊断完成后，将会在对话框中显示诊断的结果，如下图所示。

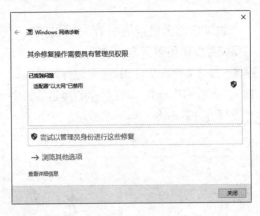

第5步 单击【尝试以管理员身份进行这些修复】选项，即可开始对诊断出来的问题进行修复，如下图所示。

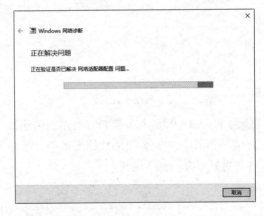

第6步 修复完成后，会显示修复的结果，提示用户疑难解答已完成，并在下方显示已修复信息提示，如下图所示。

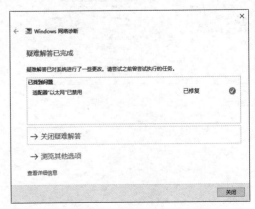

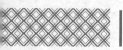

◇ **如何查看电脑已连接的 Wi-Fi 的密码**

如果忘记了已连接的 Wi-Fi 的密码，在电脑端可以使用以下方法查看。

第 1 步 按【Windows+S】组合键打开搜索框，输入"查看网络连接"，在显示的搜索结果中，单击【打开】命令，如下图所示。

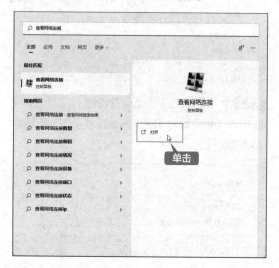

第 2 步 打开【网络连接】窗口，右击当前连接的 Wi-Fi 图标，在弹出的快捷菜单中，单击【状态】命令，如下图所示。

第 3 步 在弹出的【WLAN 状态】对话框中，单击【无线属性】按钮，如下图所示。

第 4 步 在弹出的对话框中，单击【安全】选项卡，勾选【显示字符】复选框，即可在【网络安全密钥】文本框中看到 Wi-Fi 密码，如下图所示。

第 7 章
走进网络——开启网络之旅

⊜ 本章导读

　　近年来，计算机网络技术飞速发展，改变了人们学习和工作的方式。在网上查看信息、下载资源是用户上网时经常进行的活动。

◉ 思维导图

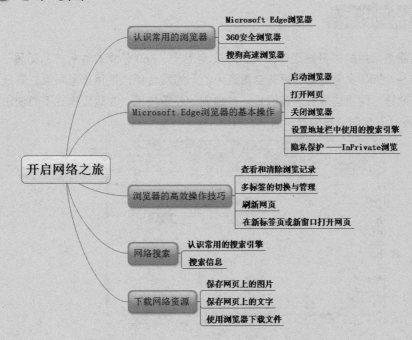

7.1 认识常用的浏览器

浏览器是指可以显示网页服务器或文件系统的 HTML 文件内容，并让用户与这些文件交互的一种软件，一台电脑只有安装了浏览器软件，才能在网页上浏览信息。本节将介绍常用的浏览器。

7.1.1 Microsoft Edge 浏览器

Microsoft Edge 浏览器是 Windows 11 操作系统内置的浏览器，Microsoft Edge 浏览器内置 Cortana 语音、阅读器、笔记和分享功能，界面设计注重实用和简洁，如下图所示为 Microsoft Edge 浏览器的界面。

7.1.2 360 安全浏览器

360 安全浏览器是常用的浏览器之一，与 360 安全卫士、360 杀毒软件等产品同属于 360 安全中心的系列产品。360 安全浏览器拥有全国最大的恶意网址库，采用恶意网址拦截技术，可自动拦截挂马、欺诈、网银仿冒等恶意网址。其独创的沙箱技术，在隔离模式下即使访问木马也不会被感染。360 安全浏览器的界面如下图所示。

7.1.3 搜狗高速浏览器

搜狗高速浏览器是首款给网络加速的浏览器，通过业界首创的防假死技术，使浏览器运行快速、流畅，具有自动网络收藏夹、独立播放网页视频、Flash 游戏提取操作等特色功能，并且兼顾大部分用户的使用习惯，支持多标签浏览、鼠标手势、隐私保护、广告过滤等主流功能。搜狗高速浏览器的界面如下图所示。

7.2 实战 1：Microsoft Edge 浏览器的基本操作

用户可以通过 Microsoft Edge 浏览器浏览网页，还可以根据自己的需要设置其他功能，本节主要介绍 Microsoft Edge 浏览器的基本操作，这些操作基本适用于各类主流浏览器。

7.2.1 启动浏览器

启动 Microsoft Edge 浏览器通常有以下 3 种方法。

（1）双击桌面上的 Microsoft Edge 浏览器快捷方式，如下图所示。

（2）单击快速启动栏中的 Microsoft Edge 浏览器图标，如下图所示。

（3）单击【开始】按钮，打开【开始】菜单，单击【已固定】区域下的"Edge"图标，

如下图所示。

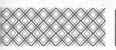

通过上述 3 种方法启动 Microsoft Edge 浏览器，默认情况下，将会打开用户设置的首页。如下图所示为用户将首页设置为百度的效果。

7.2.2 打开网页

如果知道要访问的网页的网址（即 URL），可以直接在 Microsoft Edge 浏览器的地址栏中输入网址，按【Enter】键即可打开该网页。例如，在地址栏中输入网址"www.pup.cn"，按【Enter】键，即可进入该网站的首页，如下图所示。

如果要打开多个网页，可以单击【新建标签页】按钮+，新建一个标签页，如下图所示。

另外，按【Ctrl+N】组合键，即可打开一个"新建标签页"窗口，如下图所示。

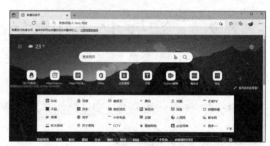

如果要进行多窗口浏览，可以向下拖曳当前窗口中的标签，该标签即会以独立的窗口显示，如下图所示。

> **提示**
>
> 同样，也可以将某个独立窗口中的标签拖曳至另一个窗口中，进行窗口合并。

7.2.3 关闭浏览器

当用户浏览完网页后，就需要关闭 Microsoft Edge 浏览器，同大多数 Windows 应用程序一样，关闭 Microsoft Edge 浏览器通常采用以下 3 种方法。

（1）单击 Microsoft Edge 浏览器窗口右上角的【关闭】按钮。

（2）按【Alt+F4】组合键。

（3）右击 Microsoft Edge 浏览器窗口的标题栏，在弹出的快捷菜单中选择【关闭】选项。

通常采用第一种方法来关闭 Microsoft Edge 浏览器，如下图所示。

如果浏览器打开了多个网页，则可在标签页上单击【关闭】按钮或按【Ctrl+W】组合键逐个关闭网页。

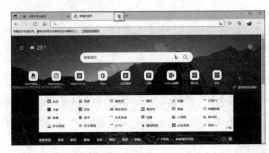

7.2.4 重点：设置地址栏中使用的搜索引擎

浏览器地址栏中的搜索引擎可以方便用户直接搜索，在地址栏中直接输入要搜索的关键词等，即可使用搜索引擎进行搜索，大大提高了操作效率。常见的搜索引擎有多种，用户可以根据使用习惯进行设置，具体操作步骤如下。

第1步 打开 Microsoft Edge 浏览器，单击【设置及其他】按钮…，在弹出的菜单中单击【设置】选项，如下图所示。

第2步 进入【设置】页面，单击【隐私、搜索和服务】→【服务】区域中的【地址栏和搜

索】选项，如下图所示。

第3步 进入【地址栏和搜索】界面，单击【在地址栏中使用的搜索引擎】右侧的下拉按钮，即可选择要设置的默认搜索引擎，如下图所示。

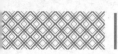

第4步 浏览器默认有5个搜索引擎，如果要添加其他搜索引擎，则单击【管理搜索引擎】

选项，进入相应界面，单击【添加】按钮，进行添加即可，如下图所示。

7.2.5 隐私保护——InPrivate 浏览

使用 InPrivate 浏览网页时，用户的浏览数据（如 Cookie、历史记录和临时文件）不会保存在电脑上，也就是说当关闭所有的 InPrivate 标签页后，Microsoft Edge 会从电脑中删除临时数据。

使用 InPrivate 浏览网页的具体操作步骤如下。

第1步 打开 Microsoft Edge 浏览器，单击【设置及其他】按钮…，在弹出的下拉列表中单击【新建 InPrivate 窗口】选项，如下图所示。

第2步 打开 InPrivate 窗口，其页面颜色为黑色，在地址栏中输入要浏览的网页网址，这里输入"www.baidu.com"，如下图所示。

第3步 按【Enter】键，即可在 InPrivate 中打开百度首页，如下图所示。此时，浏览的网页及内容将不会被记录，使用完毕后，关闭窗口即可。

7.3 实战2：浏览器的高效操作技巧

学习了 Microsoft Edge 浏览器的基本操作技巧后，下面继续以 Microsoft Edge 浏览器为例，

介绍浏览器的高效操作技巧，这些技巧同样适用于主流浏览器，读者掌握后可以提高操作浏览器的效率。

7.3.1 重点：查看和清除浏览记录

正常情况下，使用浏览器浏览网页会留下历史记录，用户可以通过历史记录，快速访问之前浏览过的网页。如果不希望留下浏览记录，也可以将某条或全部记录删除。本小节将介绍查看和清除浏览记录的方法，具体操作步骤如下。

第1步 打开 Microsoft Edge 浏览器，单击【设置及其他】按钮…，在弹出的菜单中单击【历史记录】选项，如下图所示。

| 提示 |

在浏览器中，查看历史记录的快捷键为【Ctrl+H】。

第2步 弹出【历史记录】窗格，显示了不同日期的浏览记录，如下图所示。单击任意一条记录，即可快速进入该网页。

| 提示 |

如果历史记录较多，可以单击窗格右上角的【搜索】按钮Q，输入关键字，搜索要查看的历史记录。

第3步 如果要删除某条历史记录，将鼠标指针移至该条记录上，会显示【删除】按钮×，单击该按钮，即可将其删除，如下图所示。

第4步 如果要删除某个日期下的所有记录，则将鼠标指针移至该日期上，单击显示的【删除】按钮×，即可将该日期下的所有历史记录删除，如下图所示。

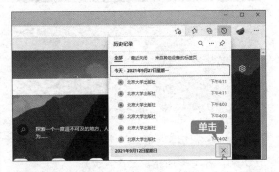

第5步 如果要删除所有历史记录，可以单击窗格右上角的【更多选项】按钮…，在弹出的下拉菜单中，单击【清除浏览数据】选项，如下图所示。

第6步 弹出【清除浏览数据】对话框，设置【时间范围】，然后单击【立即清除】按钮，即可将历史记录清除，如下图所示。

第7步 另外，在浏览器的【设置】页面，选择【隐私、搜索和服务】→【关闭时清除浏览数据】选项，进入相应界面，可以设置每次关闭浏览器时要清除的内容，这样就不会留下相应的记录了，如下图所示。

7.3.2 重点：多标签的切换与管理

在使用浏览器时，经常需要同时打开多个网页，各网页标签之间的切换与管理也是需要技巧的，本小节将介绍多标签的切换与管理。

第1步 在浏览器窗口中，打开多个网页，如下图所示。

第2步 如果要切换网页，单击目标标签即可完成切换，如下图所示。

> **提示**
>
> 另外，也可以按【Ctrl+Tab】组合键，进行快速切换。

第3步 单击窗口左上角的【Tab 操作菜单】按钮，在弹出的菜单中，单击【打开垂直标签页】选项，如下图所示。

> **提示**
>
> 垂直标签页可以帮助用户在屏幕一侧快速识别、切换和管理标签。

第4步 标签页则会以垂直的方式显示，用户可以像选择菜单一样切换标签页，如下图所示。

7.3.3 重点：刷新网页

在网页中查找资料、浏览信息的过程中，有时会遇到网页卡顿的现象，甚至有时页面只显示一半，另一半为空白，一直在加载状态，这时可以刷新网页，使其正常显示。

第1步 如下图所示的标签页一直显示"正在加载"图标 ↻，此时可以按【F5】键或【Ctrl+R】组合键，执行【刷新】命令。

第2步 网页即会重新加载，用户可以根据情况执行多次【刷新】命令，直至显示正常，如下图所示。

| 提示 |::::::::

用户也可以单击浏览器中的【刷新】按钮 ↻ 进行刷新。

另外，对于一些更新比较快的网页，如页面的浏览数据、投票数据等，使用【刷新】命令不能达到很好的效果，此时可以按【Ctrl+F5】组合键执行【强制刷新】命令，重新从服务器下载更新的网页数据，使其正常显示。按【F5】键刷新是刷新加载到本地的数据，按【Ctrl+F5】组合键强制刷新则是从访问的网址或服务器重新下载数据。

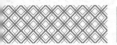
7.3.4 重点：在新标签页或新窗口打开网页

在浏览网页时，单击大部分网站页面中的超链接都会直接跳转至相应页面，不会打开新的标签页显示页面，这为查阅资料带来了不便，需要经常返回上一页。其实用户可以以"新标签页"或"新窗口"打开链接来解决这种问题，具体操作步骤如下。

第1步 右击要打开的链接，在弹出的菜单中单击【在新标签页中打开链接】命令，如下图所示。

第2步 即会以新标签页打开该链接，如下图所示。

第3步 如果要以新窗口打开链接，则右击该链接，在弹出的菜单中单击【在新窗口中打开链接】命令，如下图所示。

第4步 即会以新窗口打开该链接，如下图所示。

7.4 实战3：网络搜索

搜索引擎可以根据一定的策略、运用特定的计算机程序搜集互联网上的信息，在对信息进行组织和处理后，将处理过的信息展示给用户，简单来说，搜索引擎就是一个为用户提供检索服务的系统。

7.4.1 认识常用的搜索引擎

目前网络上常见的搜索引擎有很多种，比较常用的有百度搜索、搜狗搜索、360搜索等，下面分别进行介绍。

1. 百度搜索

百度是最大的中文搜索引擎，在百度网站中可以搜索页面、图片、新闻、音乐、百科、文档等内容。百度搜索的首页如下图所示。

2. 搜狗搜索

搜狗搜索是全球首个第三代互动式中文搜索引擎，是中国第二大搜索引擎，凭借独有的 SogouRank 技术及人工智能算法，为用户提供更快、更准、更全面的搜索资源。如下图所示为搜狗搜索的首页。

3. 360 搜索

360 搜索是 360 推出的一款搜索引擎，主打"安全、精准、可信赖"，包括资讯、视频、图片、地图、百科、文库等内容的搜索，通过互联网信息的及时获取和主动呈现，为广大用户提供实用和便利的搜索服务，其首页如下图所示。

7.4.2 搜索信息

使用搜索引擎可以搜索很多信息，如网页、图片、音乐、百科、文库等，用户遇到的问题几乎都可以使用搜索引擎进行搜索。下面以百度搜索为例进行介绍。

1. 搜索网页

搜索网页可以说是百度搜索最基本的功能，在百度中搜索网页的具体操作步骤如下。

第 1 步 打开 Microsoft Edge 浏览器，在地址栏中输入要搜索的网页的关键字，如输入"蜜蜂"，按【Enter】键，如下图所示。

第 2 步 进入【蜜蜂_百度搜索】页面，如下图所示。

第 3 步 单击需要查看的网页，这里单击【蜜蜂（昆虫纲动物）-百度百科】超链接，即可打开【蜜蜂（昆虫纲动物）_百度百科】页面，在其中可以查看有关"蜜蜂"的详细信息，如下图所示。

2. 搜索图片

使用百度搜索引擎搜索图片的具体操作步骤如下。

第1步 打开百度首页,将鼠标指针放置在【更多】选项上,在弹出的下拉列表中单击【图片】选项,如下图所示。

第2步 进入百度图片搜索页面,在搜索文本框中输入要搜索的图片的关键字,如输入"玫瑰",单击【百度一下】按钮或按【Enter】键,如下图所示。

第3步 进入有关"玫瑰"的图片搜索结果页面,单击任意一张图片,如下图所示。

第4步 即可以大图的形式显示该图片,如下图所示。

3. 搜索音乐

使用百度搜索引擎搜索音乐的具体操作步骤如下。

第1步 打开百度首页,将鼠标指针放置在【更多】选项上,在弹出的下拉列表中单击【音乐】选项,如下图所示。

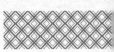

第2步 进入"千千音乐"页面，在页面顶部右侧的搜索框中，可以输入歌名、歌词、歌手或专辑等，如输入"彩虹"，如下图所示。

第3步 单击【搜索】按钮，即可显示有关"彩虹"的音乐的搜索结果，用户可以选择列表中的音乐进行播放，如下图所示。

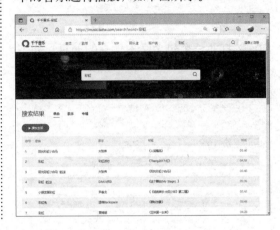

7.5 实战4：下载网络资源

用户想要使用网络上的资源时，就需要将其从网络上下载到自己的电脑硬盘中。

7.5.1 重点：保存网页上的图片

在上网时，我们可能会遇到一些好看的图片，希望将其保存下来设置为壁纸或作其他用途，本小节介绍如何保存网页上的图片。

第1步 在包含图片的网页中，右击图片，在弹出的快捷菜单中，单击【将图像另存为】命令，如下图所示。

第2步 弹出【另存为】对话框，选择要保存的位置，然后在【文件名】文本框中输入文件名称，单击【保存】按钮即可保存图片，如下图所示。

7.5.2 重点：保存网页上的文字

查找到需要的文字资料时，可以将其保存下来，发送给其他人或保存到电脑上，具体操作步骤如下。

第1步 打开一个包含文本信息的网页，如下图所示。

第2步 按住鼠标左键并拖曳选择需要复制的文字内容，右击，在弹出的快捷菜单中单击【复制】命令，如下图所示。

第3步 单击【开始】按钮，在弹出的【开始】菜单中，单击【记事本】应用图标，如下图所示。

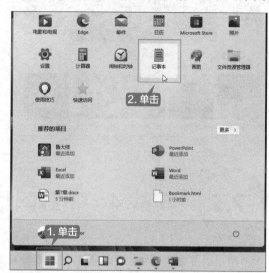

第4步 在记事本窗口中，按【Ctrl+V】组合键执行【粘贴】命令，即可将网页上的文字粘贴到记事本中，按【Ctrl+S】组合键执行【保存】命令，即可保存，如下图所示。在实际应用中，也可以将复制的信息粘贴到QQ或微信聊天窗口，发送给其他人。

7.5.3 重点：使用浏览器下载文件

目前，主流浏览器都支持下载网页中的文件，下面介绍具体操作方法。

第1步 打开网页，单击要下载的文件，如下图所示。

第2步 在弹出的【下载】提示框中，单击【另存为】按钮，如下图所示。

> **| 提示 |**
>
> 单击【打开】按钮，文件会被下载到默认位置，并在下载完成后自动打开该文件。

第3步 弹出【另存为】对话框，选择要保存的位置，单击【保存】按钮，如下图所示。

第4步 即会开始下载文件，并显示下载进度。下载完成后，单击【打开文件】选项，即可打开该文件，如下图所示。

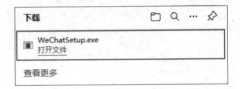

> **| 提示 |**
>
> 不同浏览器下载文件的方法基本相同，用户可以根据需要对浏览器的下载设置进行修改，如默认保存位置、下载提示等。

举一反三

在浏览器中导入或添加收藏网页

在使用浏览器时，用户可以将喜爱或经常访问的网页收藏，如果能利用好这一功能，将会大大提高操作效率。

1. 将网页添加到收藏夹中

将网页添加到收藏夹的具体操作步骤如下。

第1步 打开一个需要添加到收藏夹的网页，如百度首页，如下图所示。

第2步 单击页面中的【将此页面添加到收藏夹】按钮☆或按【Ctrl+D】组合键，如下图所示。

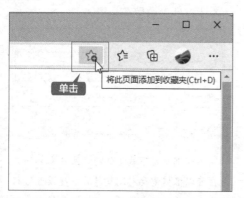

第3步 在弹出的【编辑收藏夹】对话框中，单击【更多】按钮，如下图所示。

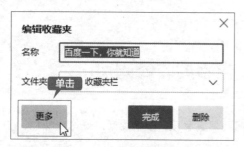

| 提示 |

如果不需要新建文件夹，可以单击【文件夹】右侧的下拉按钮 ∨，选择收藏的位置，然后单击【完成】按钮即可。

第4步 选择【收藏夹栏】，单击【新建文件夹】按钮，如下图所示。

第5步 即可新建一个子文件夹，并为其命名，按【Enter】键完成，如下图所示。

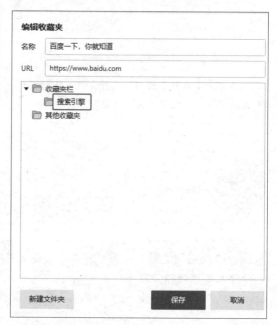

第6步 在【名称】文本框中设置收藏网页的名称，选择收藏的文件夹，单击【保存】按钮，即可完成收藏，如下图所示。

第7步 单击【收藏夹】按钮 ⛭，即可打开收藏夹窗格，展开"搜索引擎"文件夹，可以看到收藏的网页，单击即可访问网页，如下图所示。

2. 导出收藏夹

如果要更换电脑或希望将收藏夹分享给他人，可以将收藏夹导出电脑，具体操作步骤如下。

第1步 单击【收藏夹】按钮 ⛭，打开收藏夹窗格，然后单击【更多选项】按钮 ⋯，在弹出的菜单中，单击【导出收藏夹】选项，如下图所示。

第2步 弹出【另存为】对话框，选择要保存的位置，并设置文件名，单击【保存】按钮即可完成导出，如下图所示。

第3步 打开保存的位置，即可看到导出的收藏夹文件，如下图所示。

第4步 双击该文件，即可在浏览器中打开，如下图所示。

3. 导入收藏夹

用户可以将其他浏览器中的收藏夹导入 Microsoft Edge 浏览器中，具体操作步骤如下。

第1步 单击【收藏夹】按钮 ⚝，打开收藏夹窗格，然后单击【更多选项】按钮 ···，在弹出的菜单中，单击【导入收藏夹】选项，如下图所示。

第2步 弹出【导入浏览器数据】对话框，单击【导入位置】下方的下拉按钮，在列表中单击【收藏夹或书签 HTML 文件】选项，如下图所示。

第3步 单击【选择文件】按钮，如下图所示。

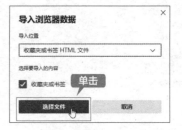

第4步 弹出【打开】对话框，选择要导入的文件，单击【打开】按钮，如下图所示。

第5步 弹出【全部完成！】对话框，表示导入完成，单击【完成】按钮，如下图所示。

第6步 打开收藏夹即可看到导入后的效果，用户可以根据需求，对收藏的网页进行分类整理，如下图所示。

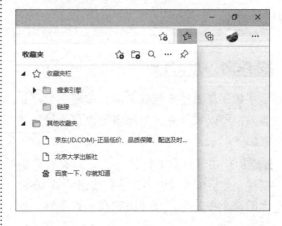

◇ 调整网页文字内容大小

在使用浏览器时，可以缩放网页，调整文字大小，以满足用户的阅读需求。

第1步 缩小网页。在浏览器界面中，按住【Ctrl】键，然后向下滚动鼠标滚轮，即可缩小页面，将页面调整到合适的大小后，释放鼠标滚轮和【Ctrl】键即可，如下图所示。

第2步 放大网页。按住【Ctrl】键，然后向上滚动鼠标滚轮，即可放大页面，将页面调整到合适的大小后，释放鼠标滚轮和【Ctrl】键即可，如下图所示。

> **提示**
>
> 另外，也可以按【Ctrl+-】组合键缩小页面，按【Ctrl++】组合键放大页面。

第3步 恢复默认显示大小。缩小或放大页面后，如果要恢复页面默认显示大小，可以按【Ctrl+0】组合键，如下图所示。

◇ 屏蔽广告弹窗

在使用电脑浏览网页时，经常会遇到各种各样的广告弹窗，影响用户正常使用电脑。下面介绍如何使用360安全卫士屏蔽广告弹窗，具体操作步骤如下。

第1步 打开360安全卫士，单击顶部的【功能大全】图标，在界面左侧选择【安全】选项，然后单击右侧区域中的【弹窗过滤】图标，如下图所示。

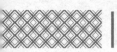

第2步 弹出【360弹窗过滤器】窗口，可以看到【已开启过滤】开关为"开"，单击【添加弹窗】按钮，如下图所示。

第3步 在弹出的对话框中选择要过滤弹窗的软件，单击其右侧的【开启过滤】按钮，或选择【智能方案】，然后单击【确认过滤】按钮，如下图所示。

第4步 返回【360弹窗过滤器】窗口，即可看到添加的过滤软件列表，如下图所示。

| 提示 |

　　用户也可以单击【强力模式】按钮，对所有弹窗进行过滤。

第8章

便利生活——网络休闲生活

📖 本章导读

网络除了可以方便人们娱乐、下载资料等，还可以帮助人们查询生活信息，如查询日历、天气、地图、车票信息等。另外，网上购物、网上购票也给人们带来了便利。

✈ 思维导图

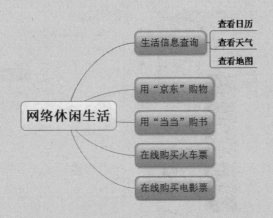

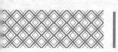

8.1 生活信息查询

　　随着网络的普及，很多生活信息都可以足不出户在网上进行查询，为人们的生活带来了便利。

8.1.1 查看日历

　　日历用于记录日期等相关信息，用户如果想要查询有关日期的信息，不用再去找日历本，在网上即可查询，具体操作步骤如下。

第1步 打开浏览器，在地址栏中输入"日历"，按【Enter】键，如下图所示。

第2步 即可进入"日历"搜索页面，其中列出了有关日历的信息，如下图所示。

第3步 单击页面中日历年份右侧的下拉按钮 ∨ ，可以在弹出的下拉列表中选择日历显示的年份，如下图所示。

第4步 单击月份右侧的下拉按钮，可以在弹出的下拉列表中选择日历显示的月份，如下图所示。

第5步 单击【假期安排】右侧的下拉按钮，可以在弹出的下拉列表中选择本年度的特定假期以查看相关信息，如下图所示。

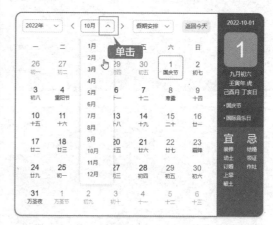

当前的日期，如下图所示。

第6步 单击【返回今天】按钮，即可返回到

8.1.2 查看天气

天气关系着人们的出行，尤其是在出差或旅游时一定要知道目的地的天气情况，以准备衣物。

在网上查询天气的具体操作步骤如下。

第1步 启动浏览器，打开百度首页，在搜索框中输入要查询天气的城市及关键字，如这里输入"成都天气预报"，按【Enter】键，即可显示有关成都天气预报的查询结果。这里单击【四川成都天气预报＿一周天气预报】超链接，如下图所示。

第2步 即可在打开的页面中展示成都最近一周的天气预报，包括气温、风向等，如下图所示。

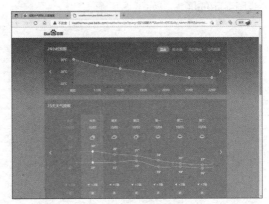

除了可以利用百度查询天气外，用户还可以利用小组件添加并查看天气情况。另外，QQ 登录窗口中也会展示实时天气情况及最近 3 天的天气预报。

8.1.3 查看地图

地图是人们日常生活中必不可少的工具，尤其是在出差、旅游时，那么如何在网上查询地图呢？具体操作步骤如下。

第1步 启动浏览器，打开百度首页，单击【地图】超链接，即可打开百度地图页面，其中显示了当前城市的平面地图，地图中的◉图标表示当前的位置，如下图所示。

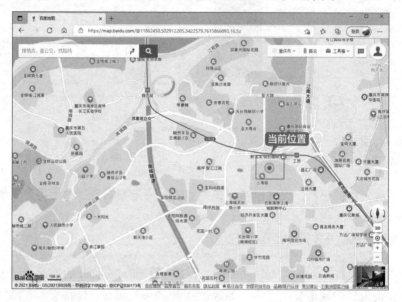

第2步 将鼠标指针移动到地图中，当鼠标指针变为手形 时，按住鼠标左键并拖曳，即可调整地图显示的区域，如下图所示。

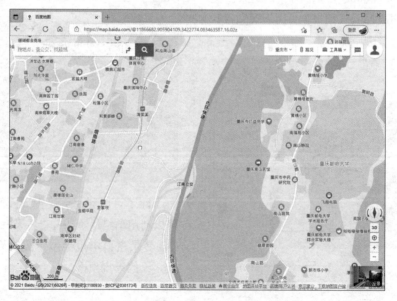

第3步 在左侧的搜索框中输入地点，按【Enter】键，左侧列表中即会显示相关地址，单击选择搜索结果，如下图所示。

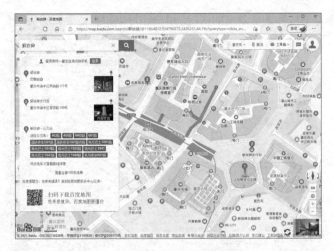

第4步 即可准确定位至目标地址，用户可以单击【到这去】按钮，如下图所示。

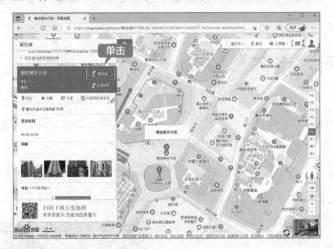

第5步 在弹出的路线搜索框中，输入或在地图中选择起点位置，并选择交通工具，如这里选择"公交"，单击【搜索】按钮，如下图所示。

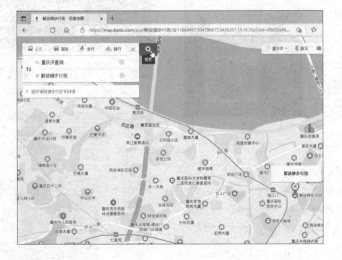

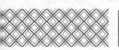

第6步 即可搜索出推荐路线和乘坐公交的情况。用户还可以根据需要对路线进行筛选，如下图所示。

8.2 用"京东"购物

京东商城是综合性网上购物平台，其家电、电子产品种类丰富，且配送速度快，深受用户喜爱。本节介绍如何在京东商城购买手机，具体操作步骤如下。

第1步 启动浏览器，在地址栏中输入京东商城的网址，打开京东商城首页，单击页面顶部的【你好，请登录】超链接，如下图所示。

> **提示**
>
> 如果没有京东账号，可以单击【免费注册】超链接，根据提示注册账号。

第2步 进入【欢迎登录】页面，输入用户名和密码，单击【登录】按钮，如下图所示。

第3步 即可以会员的身份登录到京东商城，如下图所示。

第4步 在京东商城首页的搜索框中输入想要购买的商品，如这里想要购买一部华为手机，可以在搜索框中输入"华为P50 Pro"，单击【搜索】按钮，如下图所示。

第5步 即可搜索出相关的商品信息，单击要购买的商品图片，如下图所示。

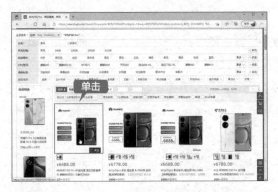

第6步 进入商品的详细信息页面，在其中可以查看相关的购买信息，以及商品的说明信息，如商品颜色、版本及内存等，选择完成后单击【加入购物车】按钮，如下图所示。

第7步 即可将选择的商品放置到购物车中，这时可以打开购物车进行结算，也可以继续

在网站中选购其他商品。这里单击【去购物车结算】按钮，如下图所示。

第8步 即可进入购物车页面，其中显示了商品的单价、购买数量等信息。勾选要购买的商品左侧的复选框，单击【去结算】按钮，如下图所示。

第9步 进入订单结算页面，在其中设置收货人信息、支付方式等，然后单击【提交订单】按钮，如下图所示。

第10步 进入【收银台】页面，在其中选择付款方式，单击【立即支付】按钮，根据提示输入支付密码，即可完成购买，如下图所示。

8.3 用"当当"购书

当当网与京东商城类似，也是综合性网上购物平台，最早是以图书、音像产品销售为主，逐渐拓展为综合性网上购物平台，其图书品类齐全，是用户网上购买图书的主要平台之一，下面介绍如何在当当网购买图书。

第1步 启动浏览器，在地址栏中输入当当网的网址，打开当当网首页，单击页面顶部的【请登录】超链接，如下图所示。

> **提示**
>
> 如果没有当当账号，可以单击【成为会员】超链接，根据提示注册账号。

第2步 进入登录页面，输入用户名和密码，根据提示进行验证，然后单击【登录】按钮，如下图所示。

第3步 登录成功后，在搜索框中输入书名或关键词，即可搜索相关图书。在搜索结果中，单击书名超链接，如下图所示。

第4步 进入商品页面，可以查看图书的详细信息，如内容简介、作者介绍、目录等，确认要购买后，单击页面中的【加入购物车】按钮，如下图所示。

第5步 进入【成功加入购物车】页面，此时可以打开购物车进行结算，也可以继续在网站中选购其他商品。这里单击【去购物车结算】按钮，如下图所示。

第6步 进入【购物车】页面，勾选要结算的图书，单击【结算】按钮，如下图所示。

第7步 进入【订单结算】页面，选择收货人信息及支付方式，确认无误后，单击【去支付】按钮，如下图所示。

第8步 进入【支付货款】页面，选择支付方式并进行支付即可，如下图所示。

8.4 在线购买火车票

　　根据行程，提前在网上购买火车票，可以节省排队购票的时间，也可以避免一些意外情况发生。本节介绍如何在网上购买火车票。

第1步 在浏览器地址栏中输入中国铁路12306 的网址，按【Enter】键进入该网站。在网站首页选择【出发地】【到达地】和【出发日期】等信息，然后单击【查询】按钮，如下图所示。

第2步 即可搜索到相关的车次信息，可以根据【车次类型】【出发车站】及【发车时间】等进行筛选。选择要购买的车次后，单击【预订】按钮，如下图所示。

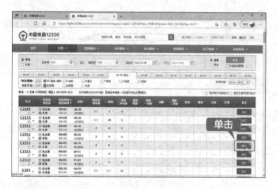

第3步 在弹出的登录对话框中，输入用户名和密码，单击【立即登录】按钮，如下图所示。

| 提示 |

如果没有该网站的账号，单击【注册12306账号】超链接，即可注册账号。

第4步 弹出【选择验证方式】对话框，可以选择滑动验证或短信验证，如下图所示。

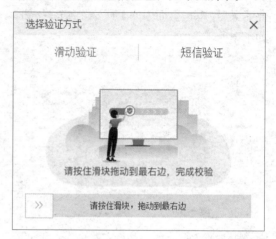

第5步 验证并登录成功后，选择乘车人和席别，然后单击【提交订单】按钮，如下图所示。

| 提示 |

如果要添加新乘车人，可以单击顶部的【我的12306】→【乘车人】选项，添加和管理常用乘车人。

第6步 弹出【请核对以下信息】对话框，选择座位，并确认车次信息无误后，单击【确认】按钮，如下图所示。

第7步 进入订单信息页面，即可看到车厢和座位信息，确认无误后，单击【网上支付】按钮，如下图所示。

第8步 选择支付方式进行支付，等待出票即可，如下图所示。

| **提示** |

确认订单后需要在30分钟内完成支付，否则订单将被取消。支付完成后，提示"交易已成功"，表示已成功购票。

8.5 在线购买电影票

用户可以从网上电影购票平台购买电影票，直接在网上选择观看电影的场次与座位，然后去电影院指定的取票处取票即可，既节省时间，又能参与商家举办的优惠活动。

常用的在线电影购票平台主要有以下两个。

1. 猫眼电影

猫眼电影是美团旗下的一家集合了媒体内容、在线购票、用户互动社交、电影衍生产品销售等服务的一站式电影互联网平台，是观众使用较多、口碑较好的电影购票平台，其首页如下图所示。

2. 淘票票

淘票票是阿里巴巴旗下的电影购票服务平台，与金逸、万达、卢米埃、上影、中影等业内知名影院合作，支持在线选座及兑换券购买，其首页如下图所示。

下面以在淘票票平台购买电影票为例，介绍网上购买电影票的流程，具体操作步骤如下。

第1步 打开浏览器，在地址栏中搜索"淘票票"，然后在搜索结果中单击官方网站超链接，即会跳转到淘票票官网并自动定位所在城市。单击页面顶部左侧的【亲，请登录】超链接，如下图所示。

第2步 进入登录页面，输入账号和密码，并单击【登录】按钮，或使用手机淘宝扫码登录，如下图所示。

| 提示 |

淘票票是阿里巴巴旗下平台，用户可以使用淘宝或支付宝账户直接登录。

第3步 登录后，返回淘票票首页。用户可以选择观影的城市，然后通过选择影片、影院、正在上映、即将上映及查看全部的方式，查看电影放映时间及售票情况，这里单击【查看全部】超链接，如下图所示。

第4步 进入【影片】界面，可以看到【正在热映】并可以选座购票的电影列表，选择要观看的电影，单击海报下方的【选座购票】按钮，如下图所示。

第5步 在打开的页面中选择电影院及观看电影的时间场次，单击【选座购票】按钮，如下图所示。

第6步 在影院选座页面中选择观影的座位，其中灰色为不可选座位，用户可以根据观影人数选择需要的座位，当座位显示为红色时，则表示已选中座位，确认无误后，单击页面右侧的【确认信息，下单】按钮，如下图所示。

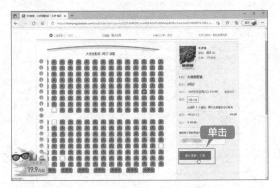

第7步 进入【确认订单，支付】界面，平台会为订单预留15分钟支付时间，15分钟内

支付有效，逾期所选座位则会作废，确认信息无误后，单击【确认订单，立即支付】按钮，根据提示选择支付方式即可。

| 提示 |

用户在购买电影票时需要注意，大部分在线选座的电影票在售出之后不予退换。

举一反三

网上缴纳水电煤费

网络和移动支付非常便捷，水电煤费可以直接使用电脑或手机进行缴纳，无须再前往各大营业厅缴纳生活费用。目前，支持缴纳生活费用的平台有很多，如支付宝、微信、各大银行客户端等，用户可以根据情况，选择网上缴纳渠道。本节以支付宝为例，介绍如何缴纳水费。

第1步 打开浏览器，搜索"支付宝"，进入其官方网站首页。单击【我是个人用户】按钮（一般情况下都属于个人用户），如下图所示。

第2步 进入如下图所示的界面，单击【登录】按钮（如无支付宝账号，则可以单击【立即注册】按钮，根据提示进行注册）。

第3步 进入登录界面，输入账号和密码，单击【登录】按钮，如下图所示。

第4步 进入支付宝首页，单击页面底部的【水电煤缴费】按钮，如下图所示。

第5步 进入水电煤缴费页面，选择所在城市及要缴费的业务，如单击【缴水费】按钮，如下图所示。

第6步 选择公用事业单位并输入用户编号，单击【查询】按钮，如下图所示。

| 提示 |

　　如果有使用支付宝缴水费的记录，则可以单击【历史缴费账号】超链接，直接进行查询和缴费，无须再次输入账号。

第7步 如果查询到欠费，则会显示需缴费金额，确认缴费信息无误后，输入缴费金额，单击【去缴费】按钮，如下图所示。

第8步 进入订单页面，用户可以通过支付宝App 创建的缴费订单进行付款，也可以单击【继续电脑付款】按钮，如下图所示。

第 9 步 进入支付页面，选择要付款的银行卡，然后输入支付密码，单击【确认付款】按钮，如下图所示。

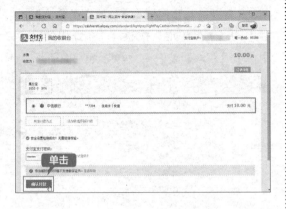

｜提示｜

如果首次使用支付宝，则需要根据提示添加个人银行卡信息。

第 10 步 支付成功后，提示缴费成功信息，如下图所示。

◇ 网上申请信用卡

信用卡除了可以去银行营业厅申请外，也可以在网上申请。支持网上申请信用卡的银行很多，开通的流程也大同小异，下面以招商银行为例，介绍网上申请信用卡的具体操作步骤。

第 1 步 在招商银行的官网中，找到信用卡申请服务模块，单击【新客户快捷申请】超链接，如下图所示。

第 2 步 根据需求和使用习惯，选择信用卡卡种，不同信用卡的权益是不同的，单击所选信用卡下方的【立即办卡】按钮，如下图所示。

第 3 步 进入【填写基本信息】界面，填写个人信息，单击【确定】按钮，如下图所示。

第4步 进入【完善个人信息并提交】界面，填写详细的个人信息，单击【立即提交】按钮即可完成信用卡的网上申请操作，如下图所示。

┃提示┃

如果银行审核通过了信用卡申请，一般有两种激活方式，一种是银行向填写的地址寄送信用卡，用户收到信用卡后，带上信用卡及身份证，去所在地银行网点激活；另一种是银行通知用户带上身份证前往银行网点，办理领卡手续后，银行才会寄送信用卡，收到信用卡后可以直接激活使用。

◇ **使用比价工具寻找最便宜的商品**

在网上购物时，同样需要货比三家，对于同一款商品，可以对比各购物平台上的价格，选择最便宜的商品。手动打开不同平台进行对比会比较麻烦，用户可以借助浏览器

的扩展应用，比较商品的价格，快速锁定价格最便宜的商品。下面以搜狗高速浏览器的扩展应用为例进行介绍，具体操作步骤如下。

第1步 打开搜狗高速浏览器，单击浏览器扩展栏中的【更多扩展】按钮☺，在弹出的窗格中单击【获取】按钮➕ 获取，如下图所示。

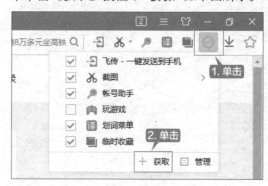

第2步 进入【搜狗扩展中心】界面，可以选择要添加的扩展应用，这里搜索"搜狗购物助手"，在搜索列表中，选择要添加的扩展应用，单击【立即添加】按钮，如下图所示。

第3步 弹出【安装搜狗浏览器扩展】对话框，单击【确定】按钮，如下图所示。

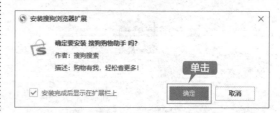

第4步 安装完成后浏览器扩展栏上新增了【搜狗购物助手】图标，单击该图标，如下图所示。

第5步 打开【搜狗购物】页面，在搜索框中输入要搜索的商品并单击【搜狗搜索】按钮，如下图所示。

第6步 即可搜索出该商品在各平台上的价格，如下图所示。

第9章

影音娱乐——多媒体和网络游戏

本章导读

网络将人们带进了一个广阔的影音娱乐世界，丰富的网络资源为网络增加了无穷的魅力。用户可以在网络上找到自己喜欢的音乐、电影或网络游戏，并能充分体验音频与视频带来的听觉、视觉上的享受。

思维导图

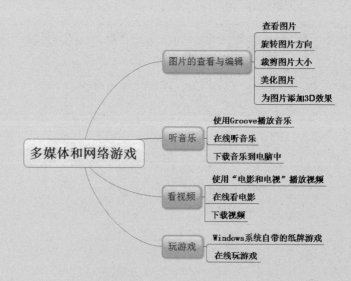

9.1 图片的查看与编辑

Windows 11 操作系统自带的"照片"应用给用户带来了全新的体验，该应用提供了高效的图片管理、编辑、查看等功能。

9.1.1 查看图片

使用"照片"应用查看图片的具体操作步骤如下。

第1步 打开图片所在的文件夹，即可以缩略图的形式展示图片，如下图所示。

第2步 如果要查看某张图片，则双击要查看的图片，即可打开"照片"应用查看图片。单击窗口中的缩略图或单击图片右侧的【下一个】按钮可以切换图片，如下图所示。

第3步 按【F5】键，即可以全屏幻灯片的形式查看图片，此时图片上无任何按钮遮挡，且自动切换并播放该文件夹内的图片，如下

图所示，按【Esc】键或【F5】键退出全屏浏览。

第4步 单击【放大】按钮 ，可以放大显示图片，每次单击都可以调整图片大小，如下图所示。

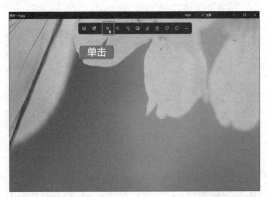

> **提示**
>
> 向上或向下滚动鼠标滚轮，可以放大或缩小图片显示比例，也可以双击鼠标左键，放大或缩小图片显示比例。按【Ctrl+0】组合键将以适应窗口大小的比例显示图片。

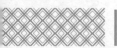
9.1.2 重点：旋转图片方向

在查看图片时，如果发现图片方向不正确，可以通过旋转图片，调整图片的方向。

第1步 打开要旋转的图片，单击【旋转】按钮⟳或按【Ctrl+R】组合键，如下图所示。

第2步 图片即会顺时针旋转90°，再次单击则会再次旋转，直至旋转为合适的方向即可，如下图所示。

9.1.3 重点：裁剪图片大小

在编辑图片时，为了突出图片的主体，可以对多余的部分进行裁剪，以达到更好的效果。

第1步 打开要裁剪的图片，单击【编辑图像】按钮⬚或按【Ctrl+E】组合键，如下图所示。

第2步 进入编辑模式，可以看到图片上的4个控制点，如下图所示。

第3步 将鼠标指针移至定界框的控制点上，按住并拖动鼠标调整定界框的大小，如下图所示。

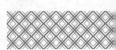

第4步 也可以单击【纵横比】按钮，选择要调整的纵横比，左侧预览窗口中即会显示效果，如下图所示。

第6步 即可生成一张新图片，其文件名会发生变化，并进入图片预览模式，如下图所示。

第5步 尺寸调整完毕后，单击【保存副本】右侧的【更多选项】按钮，在弹出的菜单中，单击【保存】按钮，将替换原有图片为编辑后的图片，单击【保存副本】按钮，则会将编辑后的图片另存为一张新图片，原图片继续保留。这里单击【保存副本】按钮，如下图所示。

9.1.4 美化图片

除了基本编辑操作外，使用"照片"应用还可以增强图片的效果、调整图片的色彩等。

第1步 打开要美化的图片，单击【编辑图像】按钮或按【Ctrl+E】组合键，如下图所示。

第2步 进入编辑模式，单击【滤镜】按钮，进入如下图所示的界面。

第3步 在窗口右侧的滤镜列表中，选择要应用的滤镜效果，单击即可预览，如下图所示。

第4步 单击【调整】按钮 ⚙，可以调整图片的光线、颜色、清晰度及晕影等，调整完成后，

单击【保存副本】按钮即可，如下图所示。

9.1.5 为图片添加 3D 效果

除了一些简单的编辑和美化功能，"照片"应用还提供了创建 3D 效果功能。

第1步 打开要编辑的图片，单击【查看更多】按钮 ···，在弹出的菜单中单击【编辑更多】→【添加 3D 效果】选项，如下图所示。

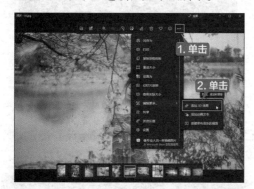

第2步 即可打开 3D 照片编辑器，单击【效果】按钮，界面右侧即会展示内置的 3D 效果。选择效果，如单击【白雪降落】效果，如下图所示。

第3步 进入编辑界面，可以将效果移动到图片中的某一位置并设置效果的展示时间，也可以设置效果的音量，设置完成后，单击【保存副本】按钮，如下图所示。

第4步 弹出【完成你的视频】对话框，设置视频的质量，然后单击【导出】按钮，如下图所示。

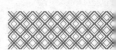
第5步 弹出【另存为】对话框，选择要保存的位置及文件名，然后单击【导出】按钮，如下图所示。

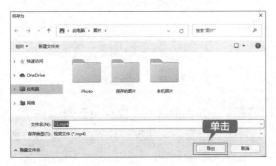

第6步 保存完毕后，即会生成一个 MP4 格式的小视频，并自动播放该视频，如下图所示。

9.2 听音乐

在网络上，音乐一直是热点内容之一，只要电脑中安装了合适的播放器，就可以播放从网上下载的音乐文件，如果电脑中没有安装合适的播放器，也可以在音乐网站上听音乐。

9.2.1 使用 Groove 播放音乐

Groove 音乐是 Windows 11 系统中默认的音乐播放器，可以搜索并播放音乐，用户可以使用该播放器播放自己喜欢的音乐。

如果用户要播放电脑上的某一首音乐，双击音乐文件或右击打开即可播放，如下图所示。如果音乐文件较多，则需要批量添加到播放列表中。

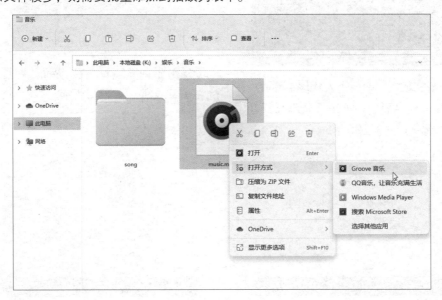

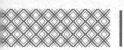

1. 添加音乐文件到播放器

添加音乐文件到播放器的具体操作步骤如下。

第1步 单击【开始】按钮■，打开所有应用列表，单击【Groove 音乐】应用，如下图所示。

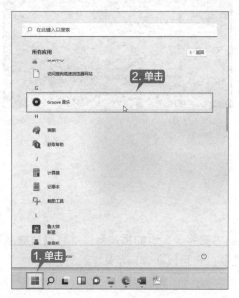

第2步 首次打开 Groove 音乐，软件会进行一些准备和设置工作，如下图所示。

第3步 准备完成后，即会进入软件主界面。在【我的音乐】界面中，单击【显示查找音乐的位置】选项，如下图所示。

第4步 在弹出的对话框中，单击【添加文件夹】按钮，如下图所示。

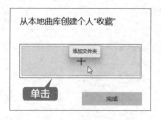

第5步 在弹出的【选择文件夹】对话框中，选择电脑中音乐文件夹所在的位置，单击【将此文件夹添加到音乐】按钮，如下图所示。

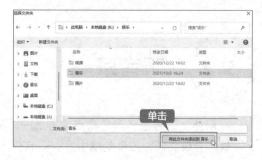

第6步 单击【完成】按钮，即可将音乐文件添加到播放列表中，如下图所示。

第7步 返回 Groove 音乐界面，即可看到添加的音乐文件，如下图所示。

| 提示 |

后续在该文件夹中添加的音乐文件，都会被播放器自动添加到歌曲列表中。

第8步 选择要播放的音乐，勾选其名称前的复选框，单击【播放】按钮，如下图所示。

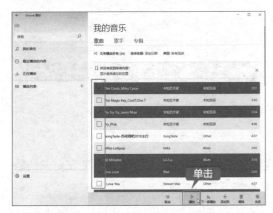

第9步 选中的音乐即会被添加到正在播放列表中，用户可以通过界面下方的控制按钮，控制音乐的播放状态，如下图所示。

2. 创建播放列表

用户可以根据喜好创建播放列表，方便自己聆听歌曲，具体操作步骤如下。

第1步 在 Groove 音乐界面中单击左侧的【新建播放列表】按钮＋，如下图所示。

第2步 在弹出的对话框中，设置播放列表的名称，单击【创建播放列表】按钮，如下图所示。

第3步 即可创建播放列表，并进入其界面，如下图所示。

第4步 单击界面左侧的【我的音乐】选项，可以在【歌曲】列表中选择要添加的音乐，然后单击【添加到】按钮＋，在弹出的列表中，选择要添加到的播放列表，如下图所示。

击【全部播放】按钮，即可播放列表中的音乐，如下图所示。

第5步 添加完成后，即可进入该播放列表，单

9.2.2 在线听音乐

要想在网上听音乐，最常用的方法就是使用在线音乐播放器，如 QQ 音乐、酷我音乐、酷狗音乐等，本节以"QQ 音乐"为例，介绍在线听音乐的方法。

第1步 下载并安装 QQ 音乐，启动软件，进入其主界面，如下图所示。

第2步 在 QQ 音乐界面中，可以选择【精选】【有声电台】【排行】【歌手】【分类歌单】【数字专辑】【手机专享】等。这里选择【排行】选项，进入其界面，选择【飙升榜】，如下图所示。

第3步 即可进入【飙升榜】界面，其中显示了音乐列表，单击【全部播放】按钮即可播放列表中的所有音乐；也可以将鼠标指针移至歌曲名称旁，单击显示的【播放】按钮▷，播放该单曲，如下图所示。

第4步 单击播放栏上的【展开歌曲详情页】按钮，即可显示歌曲的歌词，如下图所示。

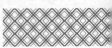

第5步 如果歌曲名称后有 MV 图标 ，则表明该歌曲有 MV，单击该图标即可观看歌曲的 MV，如下图所示。

9.2.3 下载音乐到电脑中

将音乐下载到电脑中，即使没有连接网络，也可以随时播放电脑中的音乐。下载音乐的方法有很多种，如在网页中下载，在音乐软件中下载等。本节以 QQ 音乐为例，介绍下载音乐的方法。

第1步 启动 QQ 音乐，进入主界面，单击界面右上角的【点击登录】按钮，如下图所示。

> **提示**
>
> QQ 音乐只有在登录状态下，才能下载音乐。

第2步 弹出登录对话框，选择登录方式，如选择【QQ 登录】，输入 QQ 号和密码，单击【授权并登录】按钮，如下图所示。

第3步 登录后，在搜索框中输入要下载的音乐名称，按【Enter】键进入搜索结果界面。将鼠标指针移至音乐名称上，单击显示的【下载】按钮 ，在弹出的菜单中，选择音乐文件的品质，如下图所示。

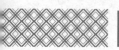

第4步 即可添加下载任务，单击界面左侧的
【本地和下载】选项，在【下载歌曲】列表
中即可看到下载的音乐，如下图所示。

第5步 下载完成后，右击【下载歌曲】列表
中的音乐，在弹出的快捷菜单中，单击【浏
览本地文件】命令，如下图所示。

第6步 即可打开下载的音乐所在的文件夹，
查看下载的音乐，如下图所示。

9.3 看视频

以前看电影要到电影院，且影片固定，观众需要提前安排好时间才能观看感兴趣的电影。
但随着网络的普及，人们在线看电影越来越方便了。在线看电影不受时间与地点的限制，影片
种类丰富，甚至可以观看世界各地的电影。

9.3.1 使用"电影和电视"播放视频

"电影和电视"应用是 Windows 11 系统中自带的视频播放器，该应用可以给用户提供全
面的视频播放服务，使用"电影和电视"播放视频的具体操作步骤如下。

第1步 在电脑中找到视频文件保存的位置，
双击要播放的视频文件，如下图所示。

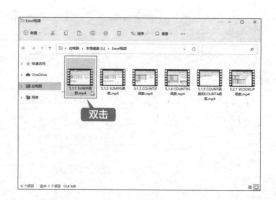

第2步 即可在【电影和电视】应用中播放所选的视频文件，如下图所示。

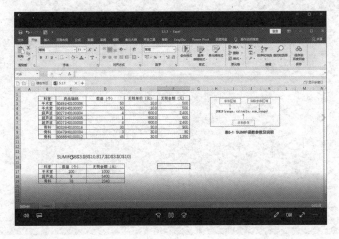

9.3.2 在线看电影

在网页中可以在线看电影，这里以在"优酷"网站看电影为例，介绍在网页中看电影的具体操作步骤。

第1步 打开浏览器，在地址栏中输入优酷的网址，然后按【Enter】键，即可进入优酷首页，单击页面中的【电影】按钮，如下图所示。

第2步 即可进入【电影频道】页面，用户可以根据分类查找自己喜欢的电影及频道，如下图所示。

第3步 在搜索框中输入想观看的电影名称，按【Enter】键进行搜索，即可在打开的页面中查看相关电影的搜索结果，单击【免费试看】按钮，如下图所示。

> **提示**
>
> 部分电影需要成为视频网站付费会员方可观看。

第4步 即可在打开的页面中观看该电影，在播放画面上双击可以全屏观看电影，如下图所示。

9.3.3 下载视频

用户可以将网站或播放器中的视频下载到电脑中，如可以使用迅雷下载网页中的视频，也可以使用播放器中的缓存功能，将视频下载到电脑中，在没有网络或网速不佳的情况下，也可以方便、流畅地观看视频。本节以爱奇艺为例，介绍如何将视频下载到电脑中。

第1步 打开并登录爱奇艺视频客户端，在顶部搜索栏中输入要下载的视频名称，单击【搜索】按钮，如下图所示。

第2步 即可搜索出相关的视频列表，在搜索的视频结果中，单击【下载】按钮，如下图所示。

| 提示 |

使用爱奇艺、优酷、腾讯视频及芒果TV 等客户端缓存视频，仅支持视频来源为本网站的视频缓存下载，且部分视频仅支持该视频网站会员下载和观看。

第3步 在弹出的对话框中，选择要下载的清晰度、内容，单击【下载】按钮，如下图所示。

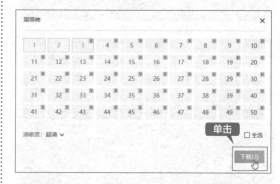

第4步 弹出提示框，表示已将所选视频加入下载列表中，此时可以单击【我的下载】按钮，如下图所示。

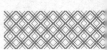

第 5 步 进入下载列表，可以看到下载的速度及进程，如下图所示。

第 6 步 下载完成后，即可在【我的下载】列

表中查看下载完成的视频，单击视频名称，即可播放该视频。单击【下载文件夹】按钮，可以打开视频文件所在的文件夹。下载的视频观看完毕后，可以单击视频名称右侧的【删除】按钮 🗑，删除对应的视频，为电脑释放存储空间，如下图所示。

9.4 玩游戏

电脑游戏是许多人休闲娱乐的方式之一，电脑游戏的种类非常多，常见的电脑游戏主要可以分为棋牌类游戏、休闲类游戏、角色扮演类游戏等类型。

9.4.1 Windows 系统自带的纸牌游戏

蜘蛛纸牌是 Windows 系统自带的纸牌游戏，该游戏的目标是以最少的移动次数移走玩牌区的所有牌。根据难度级别，纸牌由 1 种、2 种或 4 种不同的花色组成。纸牌分 10 列排列，每列的顶牌正面朝上，列中其余的牌正面朝下，剩下的牌叠放在右下角发牌区。

蜘蛛纸牌的玩法规则如下。

（1）要想赢得一局，必须按降序从 K 到 A 排列纸牌，将所有纸牌从玩牌区移走。

（2）在中级和高级难度中，纸牌的花色必须相同。

（3）在按降序成功排列纸牌后，该列纸牌将被从玩牌区回收。

（4）在不能移动纸牌时，可以单击发牌区中的发牌叠，系统会开始新一轮发牌。

（5）如果一列牌花色相同，且按顺序排列，则可以整列移动。

启动蜘蛛纸牌的具体操作步骤如下。

第 1 步 单击【开始】按钮 ，打开所有应用列表，选择【Microsoft Solitaire Collection】应用，如下图所示。

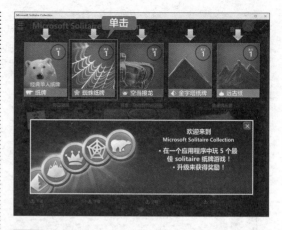

第4步 即可进入【蜘蛛纸牌】游戏界面，如下图所示。

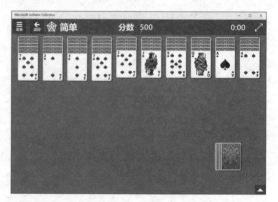

> **提示**
>
> 　如果在电脑中没有找到 Microsoft Solitaire Collection 应用，可以通过 Microsoft Store 应用商店下载。

第2步 进入【Microsoft Solitaire Collection】欢迎界面，无须进行任何操作，等待一段时间即可，如下图所示。

第5步 单击【菜单】→【游戏选项】选项，在弹出的【游戏选项】界面中可以对游戏的参数进行设置，如下图所示。

第3步 进入【Microsoft Solitaire Collection】游戏选择界面，其中集合了 5 个纸牌游戏。单击【蜘蛛纸牌】图标，如下图所示。

第6步 如果用户不知道该如何移动纸牌，可以单击【菜单】→【提示】选项，系统将提示用户可以如何操作，如下图所示。

第7步 按降序从 K 到 A 排列纸牌，直到将所有纸牌从玩牌区回收，如下图所示。

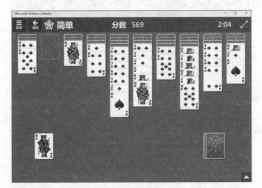

第8步 根据移牌规则移动纸牌，单击右下角发牌区的牌组可以发牌。在发牌前，用户需要确保没有空列，否则不能发牌，如下图所示。

第9步 所有的牌按照从 K 到 A 排列并完成回收后，系统会播放纸牌飞舞的动画，表示本局胜利，如下图所示。

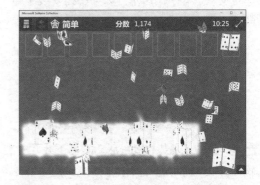

第10步 单击【新游戏】按钮，即可开始新的游戏。单击【主页】按钮，则退出游戏，返回到【Microsoft Solitaire Collection】主界面，如下图所示。

9.4.2 在线玩游戏

斗地主是广受用户喜爱的多人在线网络游戏，其趣味性十足，且不用太多的脑力和时间，是游戏休闲不错的选择。下面以在 QQ 游戏大厅中玩斗地主为例，介绍在 QQ 游戏大厅玩游戏的具体操作步骤。

第1步 在 QQ 主界面中单击【QQ 游戏】按钮，如下图所示。

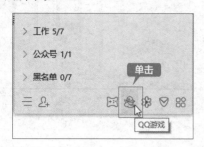

第2步 如果电脑中没有安装 QQ 游戏，则会弹出【在线安装】对话框，单击【安装】按钮即可安装，如下图所示。如果已经安装了 QQ 游戏，则直接进入 QQ 游戏大厅界面。

第3步 单击【安装】按钮后，即可下载并安装软件，根据提示进行操作即可，如下图所示。

第4步 安装完成后，即可进入 QQ 游戏大厅，初次使用时"我的游戏"中无任何游戏，单击【去游戏库找】按钮，如下图所示。

第5步 进入游戏库列表，选择游戏的分类，并选择要添加的游戏，这里选择"欢乐斗地

主"，单击【添加游戏】按钮，如下图所示。

第6步 弹出【下载管理】对话框，其中显示了欢乐斗地主的下载进度，如下图所示。

第7步 下载完成后，会自动安装并进入游戏主界面，如下图所示。选择游戏模式，如单击"经典模式"。

第8步 选择经典模式下的玩法，如"经典玩法"，如下图所示。

第 9 步 选择经典玩法下的"新手场",如下图所示。

第 10 步 进入新手场后,单击【开始游戏】按钮,如下图所示。

第 11 步 系统会自动匹配玩家,并发牌给玩家,用户可以根据所持牌的情况,决定是否"叫地主",也可以使用道具,如"超级加倍""记牌器"等,如下图所示。

第 12 步 本局游戏结束后,可以再次单击【开始游戏】按钮,开始新的游戏,如下图所示。

举一反三

将喜欢的音乐或电影传输到手机中

在电脑上下载的音乐或电影只能在电脑上聆听或观看,如果用户想要把音乐或电影传输到手机中,随时随地享受音乐或电影带来的快乐,该如何操作呢?

用户可以利用网络来实现电脑与手机的相互连接,进行数据传输。电脑与手机间传输数据通常会借助第三方软件来完成,如 QQ、微信等,如下图所示为 QQ 电脑版与手机 QQ 传输文件的界面。

使用数据线也可以实现电脑与手机的数据传输，如下图所示为手机转换为移动存储设备在电脑中的显示效果，设备名称为"HUAWEI"。

另外，如果手机与电脑连接的是同一个网络，则可以使用手机自带的软件进行无线数据传输，如小米、OPPO、vivo 手机可以使用自带的"文件管理"App 中的远程管理，在地址栏中输入生成的 FTP 地址进行访问；有的手机包含多屏协同软件，也可以进行数据传输，如华为分享、MIUI+ 等。

1. 使用 QQ 进行传输

第1步 打开 QQ 主界面，单击【我的设备】组，展开【我的设备】列表，双击【我的 Android 手机】，如下图所示。

第2步 即可打开【我的 Android 手机】窗口，单击【传送文件】按钮，如下图所示。

第3步 打开【打开】对话框，在其中找到要发送的音乐文件，单击【打开】按钮，如下图所示。

第4步 返回"我的 Android 手机"窗口，在其中可以看到选择的音乐文件的发送进度，如下图所示。

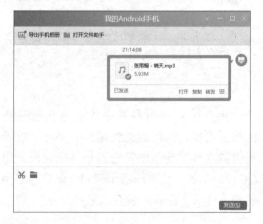

第5步 在手机 QQ 中，即可下载从电脑中传输过来的音乐文件，如下图所示。

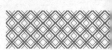

| 提示 |

如果要将手机中的音乐、视频、图片及文档等传输到电脑中，则可以在【我的电脑】聊天窗口中选择并发送。

2. 使用数据线进行传输

第1步 使用数据线将手机连接到电脑上，然后在电脑中打开需要传输的音乐或电影所在的文件夹，选中需要传输的音乐或电影，按【Ctrl+C】组合键执行【复制】命令，如下图所示。

第2步 打开【此电脑】窗口，双击电脑识别的移动设备，如下图所示。

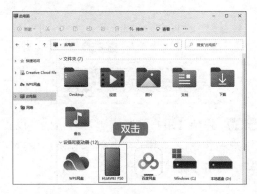

第3步 打开手机的【内部存储】文件夹，选择要粘贴的目标位置，按【Ctrl+V】组合键粘贴，如下图所示。

第4步 弹出【正在复制】提示框，显示了文件复制的进度，如下图所示。

第5步 传输完成后，即可看到该文件夹下已传输的文件，如下图所示。

第6步 将手机与电脑断开连接，在手机中打开音乐播放器，即可在【本地歌曲】中看到识别的音乐，如下图所示。

3. 使用"远程管理"无线传输文件

下面以小米手机为例，介绍"远程管理"传输文件的方法。

第1步 在手机端点击【文件管理】图标，打开该 App，如下图所示。

第2步 进入【文件管理】界面，点击右上角的 ⋮ 按钮，在弹出的菜单中点击【远程管理】选项，如下图所示。

第3步 进入【远程管理】界面，点击【启动服务】按钮，如下图所示。

第4步 弹出【用户名与密码】对话框，设置用户名和密码，用于在电脑端登录。设置完毕后点击【确定】按钮，如下图所示。

第5步 弹出【请选择访问存储位置】对话框，点击【内部存储设备】选项，如下图所示。

第6步 此时即会生成 FTP 地址，如下图所示。

> **提示** ::::::::::
>
> 在电脑端访问手机内部存储设备时，请勿离开该界面，否则会中断访问。

第7步 在电脑端打开【此电脑】窗口，在地址栏中输入 FTP 地址，并按【Enter】键，如下图所示。

第8步 弹出【登录身份】对话框，输入用户名和密码，并单击【登录】按钮，如下图所示。

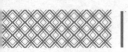

第9步 此时即可访问手机内部存储空间，如下图所示。

第10步 打开目标文件夹，将要传输的音乐或电影文件粘贴到该文件夹内即可，如下图所示。

◇ **快速截取屏幕截图的方法**

在使用电脑时，经常需要截取屏幕中的画面来拷贝或分享屏幕中的内容，下面介绍截取屏幕截图的方法。

第1步 切换到要截图的目标窗口，按【Windows+Shift+S】组合键，即可进入截屏模式，如下图所示。

第2步 在目标窗口中按住鼠标左键并拖曳选择截图区域即可截图，如下图所示。

第3步 此时截屏图片会保存在剪切板中，在目标位置进行粘贴即可，如下图所示。

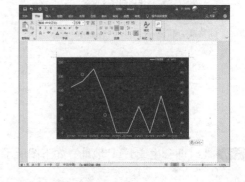

另外，除了上述方法，还有 3 种常用的截屏方法。

1. 按【Windows+Print Screen】组合键。按【Windows+Print Screen】组合键可以截取全屏并自动保存到"此电脑 > 图片 > 屏幕截图"中。

2. 使用 QQ 截屏。按【Ctrl+Alt+A】组合键即可自由截取屏幕，并保存到电脑中或粘贴到聊天窗口中。

3. 使用微信截屏。按【Alt+A】组合键即可自由截取屏幕。

◇ 为照片创建相册

在"照片"应用中，用户可以创建相册，将同一主题或同一时间段的照片添加到同一个相册中，并为其设置封面，方便查看。创建相册的具体操作步骤如下。

第1步 打开"照片"应用，单击界面顶部的【相册】选项，进入【相册】界面，然后单击【新建相册】按钮，如下图所示。

第2步 进入【新建相册】界面，浏览并选择要添加到相册的照片，然后单击【创建】按钮，如下图所示。

第3步 进入相册编辑界面，在标题文本框中编辑相册的标题，然后单击【完成】按钮，如下图所示。

第4步 标题命名完成后，单击右上角的【幻灯片放映】按钮，即可以幻灯片的形式放映相册，按【Esc】键可以退出幻灯片放映，如下图所示。

第5步 单击相册界面中的【编辑】按钮，可以打开视频编辑器，对视频的背景音乐、文本、动作等进行编辑。编辑完成后，单击【完成视频】按钮即可保存，如下图所示。

第10章

通信社交——网络沟通和交流

本章导读

目前网络通信社交工具有很多，常用的社交工具包括 QQ、微博、微信、电子邮箱等，本章将介绍这些社交工具的使用方法与技巧。

思维导图

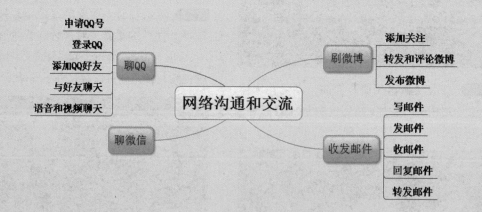

10.1 聊 QQ

QQ 是一款即时通信软件，支持显示好友在线信息、即时聊天、即时传输文件等。另外，QQ 还有发送离线文件、共享文件、QQ 邮箱、QQ 游戏等功能。

10.1.1 申请 QQ 号

使用 QQ 进行聊天，首先需要安装 QQ 并申请 QQ 号，下面介绍申请 QQ 号的具体操作步骤。

第 1 步 双击桌面上的 QQ 快捷图标，即可打开 QQ 登录窗口，单击【注册账号】选项，如下图所示。

第 2 步 即可打开【QQ 注册】网页，在其中输入注册账号的昵称、密码、手机号码，并单击【发送短信验证码】按钮，如下图所示。

第 3 步 弹出如下图所示的对话框，拖动滑块完成拼图进行验证。

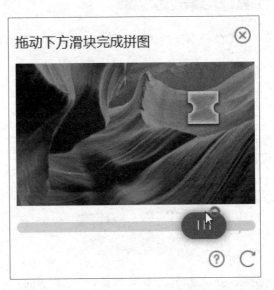

第 4 步 将手机收到的短信验证码输入【短信验证码】文本框中，然后单击【立即注册】按钮，如下图所示。

第 5 步 注册成功后，即可获得 QQ 号，如下图所示。

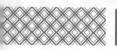

10.1.2 登录 QQ

QQ 号申请成功后，用户即可登录自己的 QQ，具体操作步骤如下。

第1步 返回 QQ 登录窗口，输入申请的 QQ 号和密码，单击【登录】按钮，如下图所示。

第2步 登录成功后，即可打开 QQ 的主界面，如下图所示。

10.1.3 添加 QQ 好友

使用 QQ 与朋友聊天，首先需要添加对方为 QQ 好友。添加 QQ 好友的具体操作步骤如下。

第1步 在 QQ 的主界面中，单击底部的【加好友／群】按钮，如下图所示。

按钮，如下图所示。

第2步 打开【查找】对话框，在上方的文本框中输入对方的 QQ 号或昵称，单击【查找】

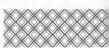
第3步 即可在下方显示查找到的相关用户，单击【＋好友】按钮，如下图所示。

第4步 弹出【添加好友】对话框，输入验证信息，单击【下一步】按钮，如下图所示。

第5步 设置好友备注姓名和分组，单击【下一步】按钮，如下图所示。

第6步 好友申请信息即会发送给对方，单击【完成】按钮，如下图所示。

第7步 当把添加好友的信息发送给对方后，对方的 QQ 会弹出验证消息，如下图所示。

第8步 打开验证消息，单击【同意】按钮，弹出【添加】对话框，在其中输入备注姓名并选择分组，如下图所示。

第9步 单击【确定】按钮，即可完成好友的添加操作，【验证消息】对话框中会显示已同意，如下图所示。

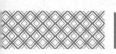

第10步 此时 QQ 自动弹出与对方的会话窗口，

如下图所示。

10.1.4 与好友聊天

收发消息是 QQ 最常用和最重要的功能，给好友发送文字消息的具体操作步骤如下。

第1步 在 QQ 主界面中选择想要聊天的好友，双击或右击并在弹出的快捷菜单中单击【发送即时消息】命令，如下图所示。

第2步 弹出与好友的会话窗口，输入文字，单击【发送】按钮，即可将文字消息发送给对方，如下图所示。

第3步 在会话窗口中单击【选择表情】按钮😊，弹出系统默认表情库，如下图所示。

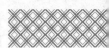

第4步 选择要发送的表情，如"睡"表情，如下图所示。

第5步 单击【发送】按钮，即可发送表情，如下图所示。

第6步 用户不仅可以使用系统自带的表情，还可以添加自定义表情，单击【表情设置】按钮，在弹出的下拉列表中单击【添加表情】选项，如下图所示。

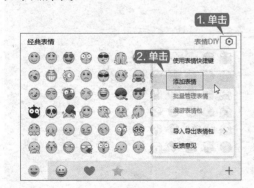

第7步 弹出【打开】对话框，选择要添加为表情的图片，单击【打开】按钮，如下图所示。

第8步 打开【添加自定义表情】对话框，在其中选择自定义表情存放的分组，这里选择【我的收藏】，单击【确定】按钮，如下图所示。

第9步 返回会话窗口，单击【选择表情】按钮，在弹出的表情面板中可以查看添加的自定义表情，如下图所示。

第10步 选择要发送给好友的表情，然后单击【发送】按钮，即可将该表情发送给好友，如下图所示。

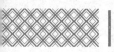

10.1.5 语音和视频聊天

用户使用 QQ 不仅可以通过发送文字和图像的方式与好友进行交流，还可以通过语音和视频进行沟通。

使用语音和视频聊天的具体操作步骤如下。

第1步 打开与好友的会话窗口，单击【发起语音通话】按钮 ，如下图所示。

第2步 即可向对方发送语音聊天邀请，如果对方同意语音聊天，会提示已经和对方建立了连接，此时用户可以调节麦克风和扬声器的音量大小，进行通话。如果要结束语音聊天，单击【挂断】按钮即可，如下图所示。

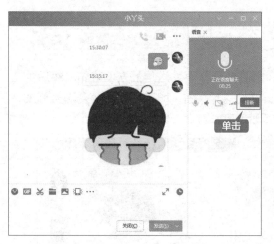

第3步 在会话窗口中单击【发起视频通话】按钮 ，即可向对方发送视频通话邀请，如下图所示。

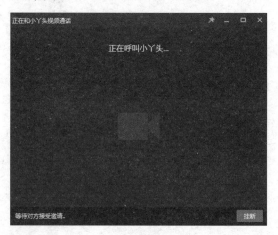

第4步 如果对方同意视频通话，会提示已经和对方建立了连接并显示对方的头像。如果没有安装好摄像头，则不会显示任何画面，但可以进行语音聊天，也可以发送特效、表情及文字等。如果要结束视频通话，单击【挂断】按钮即可，如下图所示。

10.2 聊微信

微信目前主要应用在智能手机上，支持收发语音消息、视频、图片和文字，可以进行群聊。微信除了手机客户端外，还有电脑客户端。

微信电脑客户端和网页版的功能基本相同，一个是在客户端中登录，一个是在网页浏览器中登录，下面介绍微信电脑客户端的登录方法。

第1步 打开电脑中的微信客户端，弹出登录窗口，显示二维码验证界面，如下图所示。

第2步 在手机微信中，点击➕按钮，在弹出的菜单中点击【扫一扫】功能，如下图所示。

第3步 扫描电脑上微信窗口中的二维码，弹出提示用户在手机上确认登录的界面，点击手机界面上的【登录】按钮，如下图所示。

第4步 验证通过后，电脑端即可进入微信主界面，如下图所示。

第5步 单击【通讯录】按钮，进入通讯录界面，选择要发送消息的好友，并在右侧好友信息界面中单击【发消息】按钮，如下图所示。

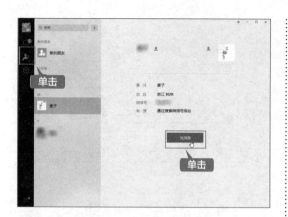

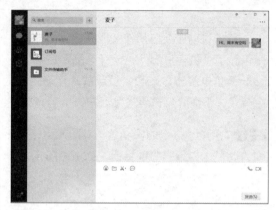

击窗口中的【表情】按钮发送表情，还可以发送文件、截图等，与QQ用法类似，如下图所示。

第6步 进入聊天界面，在文本框中输入要发送的消息，如下图所示。

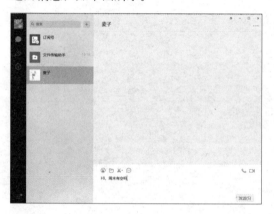

第8步 如果要退出微信，则在任务栏中右击【微信】图标，在弹出的菜单中单击【退出微信】命令即可，如下图所示。

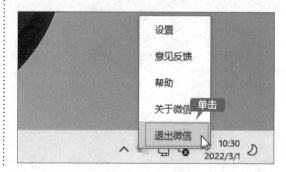

第7步 单击【发送】按钮或按【Enter】键即可发送消息，与好友聊天。另外，也可以单

10.3 刷微博

微博是一个基于用户关系的信息分享、传播及获取平台，用户可以通过手机客户端、网页及各种客户端组件实现即时信息分享。下面介绍微博的使用方法与技巧。

10.3.1 添加关注

用户注册了微博账号后，就可以登录微博了，在微博中可以添加关注、转发微博、评论微博和发布微博。在微博中添加关注的具体操作步骤如下。

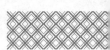

第1步 打开浏览器，进入微博首页，并登录账号，进入【首页】页面，如下图所示。

第2步 用户可以通过搜索、推荐、发现等方式，关注自己感兴趣的微博用户。如在左上角的搜索框中输入用户昵称，搜索到要关注的用户后单击【关注】按钮，如下图所示。

第3步 当按钮显示为【已关注】时，即表示已关注该用户。关注后，当该用户发布

新微博时，即会在【首页】显示，可以方便、快速地查看该用户的微博，如下图所示。

第4步 另外，用户也可以单击页面顶端导航栏中的用户昵称，进入【个人主页】页面，在【我的关注】列表中，管理已关注的微博用户，如下图所示。

10.3.2 转发和评论微博

当用户看到自己感兴趣的微博时，可以转发和评论该微博，具体操作步骤如下。

第1步 登录微博后，进入【首页】页面，在【全部关注】列表中，可以查看已关注的微博用户发布的微博，如下图所示。

第2步 单击该条微博下方的【评论】按钮，即可打开评论界面，如下图所示。

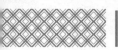

第3步 在文本框中输入评论的内容，如下图所示。

第4步 如果要在评论的同时转发该条微博，可以勾选【同时转发】复选框，然后单击【评论】按钮 (评论)，如下图所示。

第5步 即可转发并评论这条微博，如下图所示。

10.3.3 发布微博

在微博中发布新微博的具体操作步骤如下。

1. 发布文字

第1步 进入微博【首页】，在文本框中输入内容，如自己最近的心情、遇到的趣事等，如下图所示。

第2步 单击文本框下方的表情按钮 ☺，即可打开【表情】面板，如下图所示。

第3步 单击【表情】面板中的表情，即可将其添加到文本框中，单击【发送】按钮，如

下图所示。

第 4 步 即可发布微博，并显示在首页中，如下图所示。

2. 发布图片

第 1 步 在微博【首页】页面，单击文本框下方的【图片】按钮，如下图所示。

第 2 步 弹出【打开】对话框，在保存图片的文件夹中选中要上传的图片，单击【打开】按钮，如下图所示。

第 3 步 即可开始上传图片，上传完成后，文本框下方会显示图片的缩略图，如下图所示。

第 4 步 使用同样的方法可以添加多张图片，然后在文本框中输入微博内容，单击【发送】按钮，如下图所示。

第 5 步 即可将图片发布到自己的微博中，并在【首页】中显示，如下图所示。

3. 发布视频

第1步 单击文本框下方的【视频】按钮，如下图所示。

第2步 进入【视频发布】页面，单击【上传视频】按钮，如下图所示。

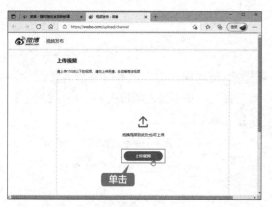

第3步 弹出【打开】对话框，选择要发布的视频，单击【打开】按钮，如下图所示。

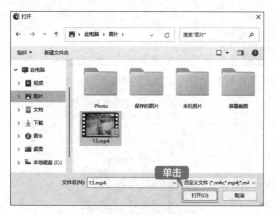

第4步 返回【视频发布】页面，视频上传完成后，输入标题和微博内容，然后单击【发布】按钮，如下图所示。

第5步 即会进入如下图所示的页面，提示视频发布成功，但需要等待视频转码成功后，才会在微博中显示。

第6步 一段时间后，即可在个人主页看到发布的视频微博，如下图所示。

10.4 收发邮件

电子邮件是办公中最常用的沟通工具之一。通过邮件，用户可以将文档、图片、音频等文件发送给他人，极大地提高了网络沟通的效率。下面以在 163 邮箱中收发电子邮件为例介绍电子邮箱的使用方法。

10.4.1 写邮件

写邮件的具体操作步骤如下。

第 1 步 在浏览器的地址栏中输入 163 邮箱的网址，按【Enter】键进入 163 邮箱登录页面，输入邮箱账号和密码，单击【登录】按钮，如下图所示。

第 2 步 进入邮箱页面，单击左侧栏中的【写信】按钮，如下图所示。

第 3 步 即可进入邮件编辑页面，如下图所示。

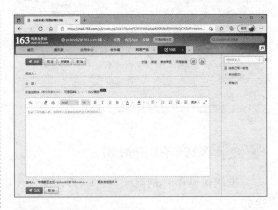

第 4 步 在【收件人】文本框中输入收件人的电子邮箱地址，在【主题】文本框中输入电子邮件的主题，主题最好能让收件人迅速了解邮件的大致内容，然后在下方的正文文本框中输入邮件的内容，如下图所示。

| 提示 |

如果要发送给多个收件人，可以在收件人栏中填写多个邮箱地址。

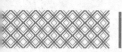
10.4.2 发邮件

写好的邮件一般分为两种，一种是不带附件的，另一种是带有附件的。发送这两种邮件的操作步骤不同，主要区别在于发送邮件之前是否需要添加附件。

1. 发送不带附件的邮件

写好邮件后，单击【发送】按钮，即可发送电子邮件，发送成功后，页面中将出现"发送成功"的提示信息，如下图所示。

2. 发送带有附件的邮件

发送带有附件的电子邮件的具体操作步骤如下。

第1步 打开邮件编辑页面，在【收件人】文本框中输入收件人的电子邮箱地址，在【主题】文本框中输入邮件的主题，然后单击【添加附件】按钮，如下图所示。

第2步 弹出【打开】对话框，选择要上传的文件，这里选择图片，然后单击【打开】按钮，如下图所示。

> **| 提示 |**
>
> 用户可以添加各类文件附件，如音频、视频、文档、压缩文件等。

第3步 即可添加附件，系统开始自动上传附件。附件上传完成后，会显示添加的附件的大小和名称，如下图所示。

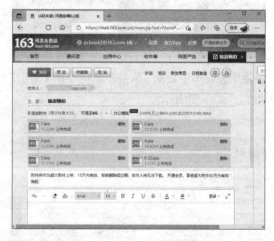

第4步 附件添加完成后，在下方的正文文本框中输入邮件的内容，然后单击【发送】按钮，如下图所示。

第5步 即可将带有附件的电子邮件发送给收件人，如下图所示。

10.4.3 收邮件

登录到自己的电子邮箱后，即可收取其中的电子邮件。收邮件的具体操作步骤如下。

第1步 登录到自己的电子邮箱后，如果有新的电子邮件，则会在邮箱首页、标签页及收件箱栏显示"未读邮件"提示信息，如下图所示。

第2步 单击邮箱页面左侧栏中的【收件箱】按钮，或单击页面中的【未读邮件】按钮，即可打开【收件箱】，收到的邮件都会显示在其中，如下图所示。

> **提示**
>
> 在【收件箱】的邮件列表中显示了每封电子邮件的发件人、主题、日期及邮件的大小。如果邮件主题前有一个封闭的信封标记 ✉，则表示该邮件未读；如果有一个回形针标记 📎，则表示该邮件中含有附件。

第3步 单击未读的邮件，即可在打开的页面中阅读邮件内容，如下图所示。

10.4.4 回复邮件

收到邮件后，用户可以回复邮件。回复邮件的具体操作步骤如下。

第1步 打开一封邮件，单击【回复】按钮，如下图所示。

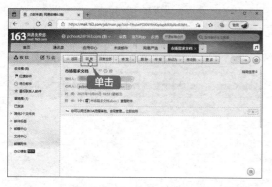

第2步 即可进入回复页面，此时可以看到对方的邮箱地址已被自动填写到【收件人】文

本框中，对方发送的邮件内容也会显示在编辑区域中。此时在编辑区域中输入要回复的内容，单击【发送】按钮，即可回复邮件，如下图所示。

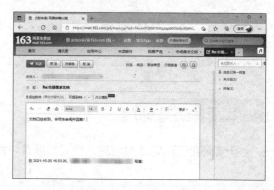

10.4.5 转发邮件

收到邮件后，如果需要将邮件发送给其他人，可以利用邮箱的转发功能进行转发，具体操作步骤如下。

第1步 打开需要转发的邮件，单击【转发】按钮，如下图所示。

第2步 进入转发页面，要转发的邮件内容会自动出现在编辑区域，邮件的主题前会自动

添加转发标识信息。在【收件人】文本框中输入要转发的收件人的邮箱地址，然后单击【发送】按钮，即可转发邮件，如下图所示。

使用 QQ 群聊

QQ 群是为 QQ 用户中拥有共性的小群体提供的一个即时通信平台，如"老乡会"和"校友会"等群，群内的成员可以对某些感兴趣的话题进行讨论。QQ 群只有 QQ 会员或 16 级以上的普通会员才能创建。群内的成员可以享受腾讯提供的多人语音聊天、QQ 群共享和 QQ 相册等功能，如下图所示为一个 QQ 群聊窗口。

在 QQ 群中聊天的具体操作步骤如下。

1. 加入 QQ 群

第1步 在 QQ 主界面中单击【加好友 / 群】按钮 ，如下图所示。

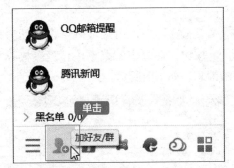

第2步 弹出【查找】对话框，选择【找群】选项卡，在下方的文本框中输入群号，单击【查找】按钮，如下图所示。

第3步 即可查找到对应的群，单击【加群】按钮 ，如下图所示。

第4步 弹出【添加群】对话框，在验证信息文本框中输入相应的内容，单击【下一步】按钮，如下图所示。

第5步 即可发送加入群的申请，如下图所示。

第6步 群主或管理员通过申请后，用户即成功加入该群。打开群聊窗口，即可在其中聊天，如下图所示。

2. QQ 群在线文字聊天

第1步 在 QQ 主界面中，单击【联系人】→【群聊】选项，在【我加入的群聊】列表中，选择要聊天的 QQ 群并双击，打开群聊会话窗口，输入文字，单击【发送】按钮，即可进行文字聊天，如下图所示。

第2步 如果用户想和群中的某个 QQ 好友私聊，可以在【群成员】列表中右击 QQ 好友信息，在弹出的快捷菜单中单击【发送消息】选项，如下图所示。

第3步 在 QQ 群中，用户可以单击会话窗口中的🔔按钮，在弹出的菜单中，设置接收或屏蔽消息，如下图所示。

◇ 一键锁定 QQ 保护隐私

用户离开电脑时，如果担心别人看到自己的 QQ 聊天消息，除了退出 QQ 外，还可以将其锁定，防止别人翻看 QQ 聊天记录，下面介绍锁定 QQ 的操作方法。

第1步 登录 QQ，按【Ctrl+Alt+L】组合键，弹出提示框，选择锁定 QQ 的方式，可以选择 QQ 密码解锁，也可以选择独立密码解锁，这里选择使用 QQ 密码解锁，单击【确定】按钮，即可锁定 QQ，如下图所示。

第2步 QQ 在锁定状态下，将不会弹出新消息，单击【解锁】图标或按【Ctrl+Alt+L】组合键进行解锁，在密码框中输入解锁密码，按【Enter】键即可解锁，如下图所示。

◇ 使用 QQ 进行远程协助

QQ 集成了远程协助功能，通过远程协助，可以和好友共享桌面，操作好友的电脑或让好友操作自己的电脑，解决一些电脑问题。

第1步 登录 QQ 后，打开要开启远程协助的好友的会话窗口，单击窗口中的【更多】按钮⋯，如下图所示。

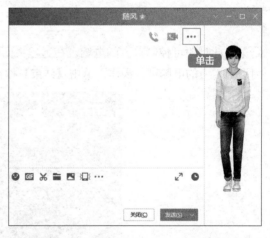

第2步 展开功能图标，单击【远程协助】图标，在弹出的菜单中单击【请求控制对方电脑】选项，如下图所示。

> **提示**
>
> 【邀请对方远程协助】是邀请他人远程控制自己的电脑。

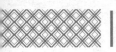

第3步 对方的 QQ 会弹出一个窗口，单击【接受】按钮即可，如下图所示。

第4步 此时即可控制对方的电脑，在远程桌面窗口中看到对方电脑屏幕上当前显示的内容，并可以对对方的电脑进行操作，单击【结束】按钮，可以结束控制，如下图所示。

第

3

篇

系统优化篇

第11章

安全优化——电脑的优化与维护

📄 本章导读

　　随着电脑被使用的时间越来越长，电脑中被占用的空间也越来越多，用户需要及时优化和管理系统，包括电脑进程的管理与优化、电脑磁盘的管理与优化、清除系统中的垃圾文件、查杀病毒等，从而提高电脑的性能。本章将介绍电脑优化与维护的方法。

✈ 思维导图

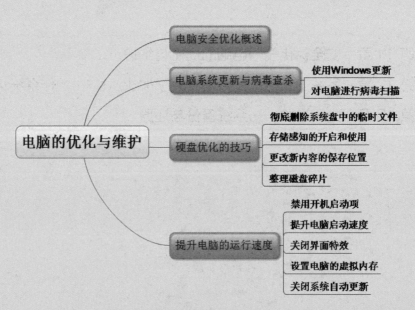

11.1 电脑安全优化概述

电脑安全优化问题是每个电脑用户都会面对的问题。电脑病毒不断出现，危害电脑的安全，这就要求用户做好系统安全防护工作，并及时优化和升级系统，从而保护电脑安全，提高电脑性能。对电脑的安全优化主要从以下几个方面进行。

1. 电脑病毒查杀

使用杀毒软件可以保护电脑不受木马、病毒的入侵，常见的电脑病毒查杀软件有 360 安全卫士、腾讯电脑管家等。如下图所示为 360 安全卫士的主界面。

2. 电脑运行速度的优化

对电脑运行速度进行优化是系统安全优化的一个方面，用户可以通过整理磁盘碎片、更改软件安装位置、减少启动项、转移虚拟内存和用户文件的位置、禁止不同的服务、更改系统性能设置及对网络进行优化等来实现，如下图所示为在【任务管理器】窗口中，启用或禁用应用程序的启动项。

3. 开启系统防火墙

防火墙可以是软件，也可以是硬件，它能检查来自网络的信息，然后根据防火墙设置阻止或允许这些信息进入电脑系统。可以说防火墙是内部网络、外部网络及专用网络与外网之间的保护屏障，如下图所示为在【Windows 安全中心】中开启了防火墙和网络保护的效果。

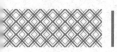

11.2 实战1：电脑系统更新与病毒查杀

信息化社会面临着电脑系统安全问题的严重威胁，如系统漏洞、木马病毒等，本节介绍电脑系统的更新与病毒的查杀方法。

11.2.1 重点：使用 Windows 更新

Windows 更新是系统自带的用于检测系统最新版本的工具，使用 Windows 更新可以下载并安装系统更新，具体操作步骤如下。

第1步 按【Windows+I】组合键，打开【设置】面板，单击【Windows 更新】选项，然后在右侧界面中单击【检查更新】按钮，如下图所示。

第2步 如果有可供安装的更新，则会显示可更新内容，单击【立即安装】按钮，如下图所示。

第3步 即会开始下载更新，并显示更新进度，如下图所示。

> **提示** ┊┊┊┊┊┊┊
>
> 部分更新会要求重启电脑，用户根据提示重启电脑即可。

第4步 系统更新完成后，再次打开【Windows 更新】界面，在其中可以看到"你使用的是最新版本"提示信息，如下图所示。

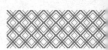

第5步 单击【更新历史记录】选项，打开【更新历史记录】界面，在其中可以查看近期的更新历史记录，如下图所示。

第6步 返回【Windows更新】界面，单击【高级选项】选项，打开【高级选项】界面，在其中可以设置更新选项，如下图所示。

11.2.2 重点：对电脑进行病毒扫描

Windows Defender 是 Windows 11 系统中内置的安全防护软件，主要用于帮助用户抵御间谍软件和其他潜在有害软件的攻击。

第1步 单击任务栏右侧的 Windows Defender 图标 ，如下图所示。

> **提示**
>
> 当 Windows Defender 的图标为 时，表示当前电脑安全性正常；当图标为 时，表示当前电脑安全性异常；当图标为 时，表示当前电脑安全性差。

第2步 即可打开【Windows安全中心】窗口，查看安全性概览，用户可以单击窗口左侧的图标或界面中的图标进入对应的操作面板，这里单击【病毒和威胁防护】图标，如下图所示。

第3步 进入【病毒和威胁防护】界面，单击【快速扫描】按钮，如下图所示。

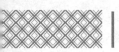
第4步 即可开始快速扫描，如下图所示。

第5步 扫描完成后，如果提示"当前没有威胁"，则表示当前系统中没有病毒威胁，如下图所示。

> **| 提示 |**
>
> 如果用户在电脑中安装了其他防护软件，如 360 安全卫士、腾讯电脑管家等，则默认调用防护软件进行病毒扫描，如下图所示。

第6步 单击【扫描选项】选项，进入其界面，可以选择【快速扫描】【完全扫描】【自定义扫描】和【Microsoft Defender 脱机版扫

描】，根据需求进行选择即可，如下图所示。

另外，当 Windows Defender 在电脑中发现威胁时，会弹出通知框，用户可以选择对发现的威胁进行处理，具体操作步骤如下。

第1步 单击弹出的通知框，如下图所示。

第2步 打开【Windows 安全中心】面板，进入【保护历史记录】界面，即可看到处理的威胁信息，单击该条威胁信息，如下图所示。

第3步 即可查看详细的处理信息，单击【操作】按钮，在弹出的菜单中，如果选择【隔离】选项，则将文件与电脑隔离；如果选择【删除】

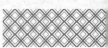

选项，则将文件从电脑中删除；如果威胁为软件误判，可以选择【允许在设备上】选项，该文件可以继续使用，如下图所示。

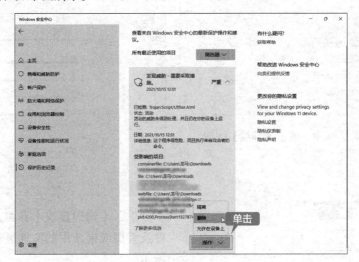

11.3 实战 2：硬盘优化的技巧

磁盘用久了，经常会产生各种各样的问题，要想让磁盘高效地工作，就要注意平时对磁盘的管理。

11.3.1 重点：彻底删除系统盘中的临时文件

在安装专业的垃圾清理软件前，用户可以手动清理磁盘垃圾和临时文件，为系统盘"瘦身"，具体操作步骤如下。

第1步 按【Windows+I】组合键，打开【设置】面板，单击【系统】→【存储】选项，如下图所示。

第2步 进入【存储】界面，单击【临时文件】

选项，如下图所示。

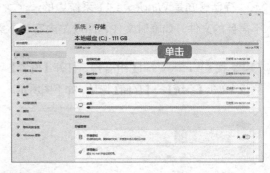

第3步 进入【临时文件】界面，在下方勾选要删除的临时文件的复选框，然后单击【删除文件】按钮，如下图所示。

第4步 在弹出的对话框中，单击【继续】按钮，如下图所示。

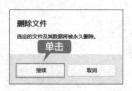

第5步 系统即会开始自动清理磁盘中的临时文件，并显示清理的进度，如下图所示。

另外，可以在【系统 – 存储】界面中，单击【清理建议】选项，如下图所示。

进入【清理建议】界面，可以对临时文件及大型或未使用的文件进行清理，如下图所示。

11.3.2 重点：存储感知的开启和使用

存储感知是 Windows 11 系统中的一个关于文件清理的功能，开启该功能后，系统会删除不需要的文件，如临时文件、回收站内容、下载文件等，释放更多的空间。

第1步 按【Windows+I】组合键，打开【设置】面板，单击【系统】→【存储】选项，如下图所示。

第2步 进入【存储】界面，在【存储管理】区域中，将【存储感知】开关设置为"开"，即可开启该功能，系统会删除不需要的临时文件，释放更多的空间。单击【存储感知】选项，如下图所示。

第3步 即可进入【存储感知】界面，如下图所示。

第4步 设置运行存储感知的时间。用户可以在【运行存储感知】下拉列表中选择时间，包括每天、每周、每月及当可用磁盘空间不足时，如下图所示。

第5步 用户还可以设置长时间未使用的临时文件的删除规则。如可以设置将回收站中存在时间超过设定时长的文件删除，如下图所示。

第6步 另外，也可以设置将"下载"文件夹中存在时间超过设定时长未被打开的文件自动删除，如下图所示。

第7步 单击【立即运行存储感知】按钮，可以立即清理符合条件的临时文件，释放空间，如下图所示。

第8步 清理完毕后，即会显示释放的磁盘空间大小，如下图所示。

11.3.3 重点：更改新内容的保存位置

在 Windows 11 系统中，用户可以设置新内容的保存位置，如应用的安装位置、下载文件的存储位置、媒体文件的保存位置等，以节省系统盘的空间。

第1步 按【Windows+I】组合键，打开【设置】面板，单击【系统】→【存储】选项，如下图所示。

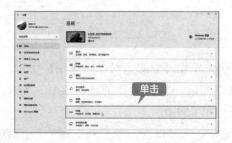

第2步 进入【存储】界面，单击【高级存储设置】右侧的【展开】按钮，在展开的选项中，单击【保存新内容的地方】选项，如下图所示。

第3步 进入【保存新内容的地方】界面，可以看到应用、文档、音乐、照片和视频、电影和电视节目及离线地图都默认保存在系统盘中，如下图所示。

第4步 如果要更改某项内容的保存位置，单击其下方的下拉按钮，即可选择其他磁盘。如单击【新的应用将保存到】下方的下拉按钮，即可打开磁盘下拉列表，选择要保存的磁盘，如下图所示。

第5步 选择后单击【应用】按钮，即可应用设置的位置，如下图所示。

第6步 使用同样的方法，修改其他新内容保存的磁盘，如下图所示。

11.3.4 重点：整理磁盘碎片

用户在保存、更改或删除文件时，卷上会产生碎片。磁盘碎片整理程序可以重新排列卷上的数据并合并碎片数据，有助于电脑更高效地运行。在 Windows 11 操作系统中，磁盘碎片整理程序可以按计划自动运行，用户也可以手动运行该程序或更改该程序的使用计划。

整理磁盘碎片的具体操作步骤如下。

第1步 打开【存储】界面，单击【高级存储设置】右侧的【展开】按钮，在展开的选项中，单击【驱动器优化】选项，如下图所示。

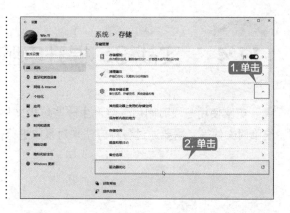

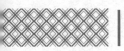
第2步 弹出【优化驱动器】对话框，在其中选择需要优化的磁盘，然后单击【优化】按钮，如下图所示。

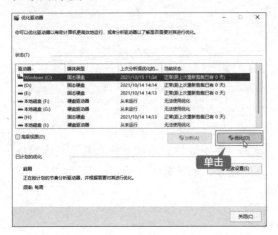

第3步 即可对磁盘进行整理，并显示当前进度，如下图所示。

第4步 优化完成后，即会显示磁盘的当前状态，如下图所示。

｜提示｜:::::::::

单击【更改设置】按钮，打开【优化驱动器】对话框，在其中可以设置优化驱动器的相关参数，如频率、驱动器等，设置完成后单击【确定】按钮，系统会根据设置的计划自动整理磁盘碎片并优化驱动器，如下图所示。

11.4 实战3: 提升电脑的运行速度

电脑使用一段时间后，会产生一些垃圾文件，包括被强制安装的插件、上网缓存文件、系统临时文件等，需要通过各种方法来对系统进行优化处理。本节将介绍如何对系统进行优化。

11.4.1 重点：禁用开机启动项

在电脑的启动过程中，自动运行的程序被称为开机启动项，开机启动项会浪费大量的内存空间，并减慢系统启动速度。因此，要想加快开机速度，就必须禁用一部分开机启动项。

禁用开机启动项的具体操作步骤如下。

第1步 按【Windows+I】组合键，打开【设置】面板，单击【应用】→【启动】选项，如下图所示。

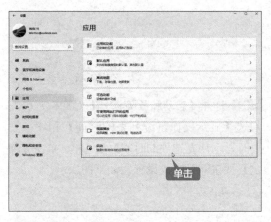

第2步 进入【启动】界面，即可看到开机启动的应用列表，如下图所示。

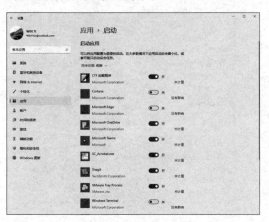

第3步 在应用的右侧将开关设置为"关" ⬛关，

即表示禁止开机启动，如下图所示。

另外，用户也可以按【Ctrl+Shift+Esc】组合键，打开【任务管理器】窗口，单击【启动】选项卡，将要禁止开机启动的程序状态更改为【已禁用】即可，如下图所示。

11.4.2 重点：提升电脑启动速度

除了禁用开机启动项，还可以通过其他设置来提升电脑的启动速度，具体操作步骤如下。

第1步 右击桌面上的【此电脑】图标，在弹出的快捷菜单中，单击【属性】命令，如下图所示。

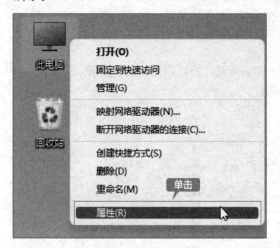

第2步 打开【系统 - 关于】面板，单击【高级系统设置】选项，如下图所示。

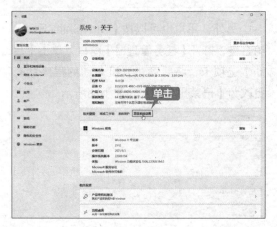

第3步 弹出【系统属性】对话框，单击【启动和故障恢复】区域下的【设置】按钮，如下图所示。

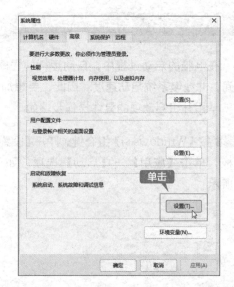

第4步 打开【启动和故障恢复】对话框，取消勾选【显示操作系统列表的时间】和【在需要时显示恢复选项的时间】复选框，单击【确定】按钮即可完成设置，如下图所示。

11.4.3 关闭界面特效

　　虽然 Windows 11 操作系统在 UI 方面进行了大量优化，提升了系统的美感，但是对于一些硬件配置较低的电脑，却非常浪费内存资源，影响电脑的运行流畅度。如果电脑硬件配置较低，可以将界面特效关闭，使电脑保持最佳状态，具体操作步骤如下。

第1步 打开【系统属性】对话框,单击【性能】区域下的【设置】按钮,如下图所示。

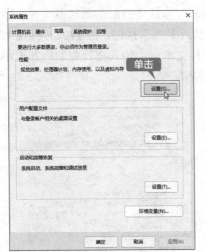

第2步 弹出【性能选项】对话框,在【视觉效果】选项卡下,选中【调整为最佳性能】单选按钮,

单击【确定】按钮即可完成设置,如下图所示。

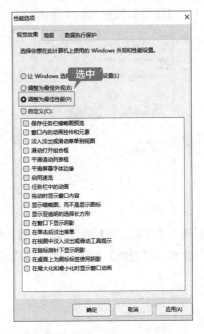

另外,按【Windows+I】组合键打开【设置】面板,在【辅助功能】→【视觉效果】界面中,将【始终显示滚动条】【透明效果】【动画效果】的开关设置为"关" ,也可以减少内存资源的占有率,如下图所示。

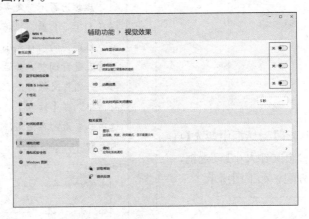

11.4.4 重点:设置电脑的虚拟内存

电脑和手机一样,所有运行的程序都需要经过内存(RAM)来运行,也就是常说的运行内存。电脑中的运行内存指的是内存条的大小,目前主流的内存条大小为 8GB、16GB 或 32GB。如果电脑的运行内存达不到主流水平,运行大型软件,如 Photoshop、AutoCAD 或 3D 游戏等,会收到内存不足的提示。用户可以设置电脑的虚拟内存,来满足电脑的运行需求。简单来说,就是将电脑的存储硬盘作为内存,来弥补内存不足的问题。

下面介绍虚拟内存的设置方法。

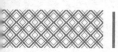

第1步 打开【系统属性】对话框，单击【性能】区域下的【设置】按钮，如下图所示。

第2步 弹出【性能选项】对话框，在【高级】选项卡下单击【更改】按钮，如下图所示。

第3步 在弹出的【虚拟内存】对话框中勾选【自动管理所有驱动器的分页文件大小】复选框，虚拟内存将会被自动分配，如下图所示。

第4步 用户也可以手动分配虚拟内存。取消勾选【自动管理所有驱动器的分页文件大小】复选框，选择要分配的驱动器，并选中【自定义大小】单选按钮，在【初始大小】和【最大值】文本框中输入要设置的内存大小，如下图所示。

| 提示 |

　　虚拟内存不一定要设置在系统盘，也可以在D盘、E盘，根据硬盘空间情况设置即可。自定义的内存大小可以根据电脑日常使用情况进行调整，如运行大型软件或大量数据进行内存交换时，可以打开【任务管理器】对话框，在【性能】选项卡下单击【内存】选项，查看内存使用情况，使用率低于正常内存即可，如下图所示。

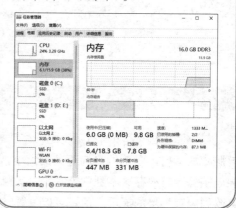

第5步 如果不需要使用虚拟内存，则可以选中【无分页文件】单选按钮，如下图所示。

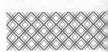

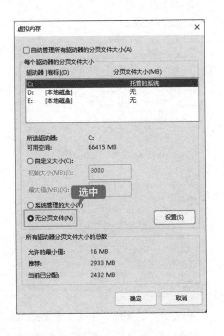

内存和硬盘读写速度差异较大，启用虚拟内存后会大大降低系统运行速度，因此，如果内存足够，且不经常使用大型软件，则可以将虚拟内存关闭，以提高系统运行的流畅度。

第6步 设置完成后，单击【确定】按钮，弹出对话框，重启电脑后即可生效，如下图所示。

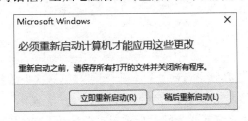

11.4.5 关闭系统自动更新

虽然自动更新功能可以确保电脑系统及时更新功能、修补漏洞，但是自动更新功能一直在后台运行，会占用一定的网络及硬盘资源，电脑有可能出现卡顿的问题。用户可以根据自己的习惯将其关闭，下面介绍关闭的方法。

第1步 右击桌面上的【此电脑】图标，在弹出的快捷菜单中，单击【管理】命令，如下图所示。

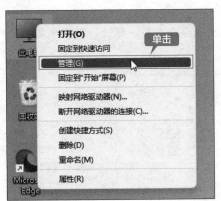

第2步 打开【计算机管理】窗口，单击左侧导航栏中的【服务和应用程序】→【服务】选项，右侧界面即会显示【服务】列表，找

到【Windows Update】服务并双击，如下图所示。

第3步 弹出【Windows Update 的属性（本地计算机）】对话框，在【常规】选项卡下，单击【启动类型】右侧的下拉按钮，在弹出的列表中选择【禁用】选项，如下图所示。

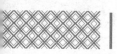

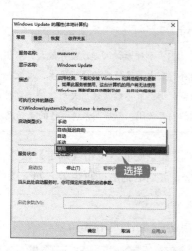

第4步 单击【恢复】选项卡，将【第一次失败】【第二次失败】【后续失败】设置为"无操作"，并将【在此时间之后重置失败计数】的数值设置为尽可能大，如"9999"，然后单击【确定】按钮，即可完成设置，如下图所示。

| 提示 |::::::::

如果要更新系统，可以在【Windows 更新】中进行更新，具体方法可参见 11.2.1 小节。

举一
反三

修改桌面文件的默认存储位置

用户在使用电脑时一般都会把系统安装到 C 盘，很多桌面图标也随之产生在 C 盘，当桌面文件越来越多时，不仅影响开机速度，电脑的响应时间也会变长。如果系统崩溃，需要重装电脑，桌面文件就会丢失。

如下图所示为桌面文件默认的存储位置。桌面文件的存储位置默认在 C 盘，如果用户把桌面文件存储路径修改到其他盘符，上述问题就不会存在了。那么如何修改桌面文件的默认存储位置呢？

修改桌面文件默认存储位置的具体操作步骤如下。

第1步 打开【此电脑】窗口，右击左侧导航栏中的【Desktop】选项，在弹出的快捷菜单中，单击【属性】命令，如下图所示。

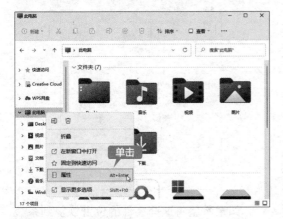

第2步 弹出【桌面 属性】对话框，显示了桌面文件的存储位置、大小、创建时间等信息，如下图所示。

第3步 单击【位置】选项卡，然后单击【移动】按钮，如下图所示。

第4步 弹出【选择一个目标】对话框，选择其他磁盘位置。例如，这里选择 D 盘下的"Desktop"文件夹，单击【选择文件夹】按钮，如下图所示。

| 提示 |

也可以在路径文本框中，直接输入目标位置的路径。

第5步 即可看到新的路径，单击【确定】按钮，如下图所示。

第6步 在弹出的【移动文件夹】对话框中确认新位置无误后，单击【是】按钮，如下图所示。

第7步 原C盘中的文件即会被移动到新位置，并显示移动进度，如下图所示。

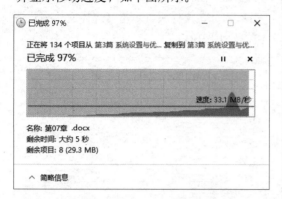

第8步 完成后，即可在新位置看到桌面文件，如下图所示。也可以在文件的【属性】对话框中查看当前存储位置。

用户可以使用相同的方法，将【文档】文件夹的位置移动到其他盘。【文档】文件夹中存储了较多应用缓存文件，极占系统盘空间，如下图所示。

如果希望将这些文件的位置恢复到系统盘，可以在【位置】选项卡下单击【还原默认值】按钮，恢复原有路径，单击【确定】按钮即可移动，如下图所示。

◇ **查找电脑中的大文件**

使用 360 安全卫士的查找大文件工具可以查找电脑中的大文件，具体操作步骤如下。

第1步 打开 360 安全卫士，单击【功能大全】→
【系统】→【查找大文件】，添加该工具，
如下图所示。

第2步 打开【电脑清理－查找大文件】界面，
勾选要扫描的磁盘的复选框，单击【扫描大文
件】按钮，如下图所示。

第3步 软件会自动扫描磁盘中的大文件，在
扫描结果列表中，勾选要删除的文件的复选
框，然后单击【删除】按钮，如下图所示。

第4步 弹出提示框，提示用户仔细辨别将要
删除的文件是否确实无用，单击【我知道了】
按钮，如下图所示。

第5步 确认要删除的文件没问题后，单击【立
即删除】按钮，如下图所示。

第6步 删除完毕后，单击【关闭】按钮即可，如下图所示。

◇ 修改 QQ 和微信接收文件的存储位置

QQ 和微信是工作和生活中接收文件的常用工具，它们的默认存储位置都在 C 盘的用户文件夹下，随着长时间的使用，占用系统盘的空间会越来越大，而且在系统损坏、无法访问的情况下，文件还有丢失的风险。用户可以迁移它们的存储位置，减少系统盘的空间占用并确保数据安全。

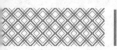

1. 迁移 QQ 接收文件的存储位置

第1步 启动 QQ，在主界面中，单击【主菜单】按钮☰，在弹出的菜单中，单击【设置】命令，如下图所示。

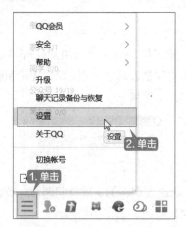

第2步 弹出【系统设置】对话框，单击【文件管理】→【更改目录】按钮，如下图所示。

第3步 弹出【浏览文件夹】对话框，选择要更改的目录，单击【确定】按钮，如下图所示。

第4步 返回【系统设置】对话框，即可看到修改的文件夹路径。另外，用户也可以选择【选择个人文件夹（用于保存消息记录等数据）的保存位置】区域下的【自定义】单选按钮，设置消息记录数据的保存位置，如下图所示。

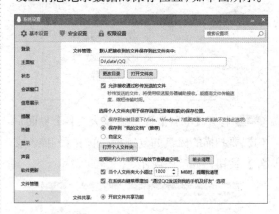

2. 迁移微信接收文件的存储位置

第1步 打开微信电脑客户端，单击主界面中的【更多】按钮☰，在弹出的菜单中单击【设置】选项，如下图所示。

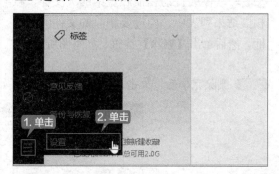

第2步 弹出【设置】对话框，单击【文件管理】选项卡，在其右侧的区域中，单击【更改】按钮，即可选择要保存的位置，如下图所示。

第12章

系统安装——升级与安装 Windows 11 操作系统

本章导读

本章将介绍如何在电脑中安装 Windows 11 操作系统，包括确认电脑是否满足安装要求、Windows 11 的多种安装方法和安装后的工作等。

思维导图

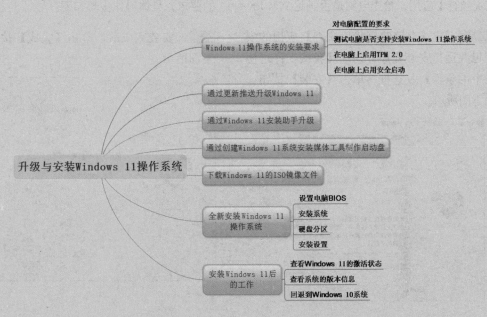

12.1 实战 1：Windows 11 操作系统的安装要求

在安装 Windows 11 操作系统之前，需要确认电脑是否满足安装要求。

12.1.1 对电脑配置的要求

与 Windows 10 相比，Windows 11 对电脑的配置要求更高，如表 12-1 所示。

表 12-1　Windows 11 对电脑配置的要求

硬件	配置要求
处理器	1 GHz 或更快的支持 64 位的处理器（双核或多核）或系统单芯片 (SoC)
内存	4 GB
硬盘空间	64 GB 或更大容量的存储设备
系统固件	支持 UEFI 安全启动
TPM	受信任的平台模块 (TPM) 2.0 版本
显卡	支持 DirectX 12 或更高版本，支持 WDDM 2.0 驱动程序
显示器	对角线长度大于 9 英寸的高清 (720p) 显示屏，每个颜色通道为 8 位

12.1.2 测试电脑是否支持安装 Windows 11 操作系统

了解了 Windows 11 操作系统对电脑配置的具体要求后，可以通过微软推出的【电脑健康状况检查】应用，检查电脑是否满足 Windows 11 的要求，具体操作步骤如下。

第1步 下载【电脑健康状况检查】应用的安装包并运行安装程序，勾选【我接受许可协议中的条款】复选框，单击【安装】按钮，如下图所示。

第2步 安装完成后，单击【完成】按钮，如下图所示。

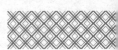

第 3 步 打开并进入应用界面，单击界面中的【立即检查】按钮，如下图所示。

第 4 步 如果提示"这台电脑满足 Windows 11 要求"，则表示该电脑可以安装 Windows 11 操作系统，如下图所示。

第 5 步 如果提示"这台电脑当前不满足 Windows 11 系统要求"，则无法正常安装或升级 Windows 11 操作系统。单击详细信息下方的"有关启用 TPM 2.0 的详细信息"链接，如下图所示。

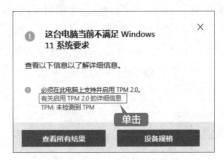

第 6 步 即可打开网页，查看关于启用 TPM 2.0 或硬件支持的详细信息，如下图所示。

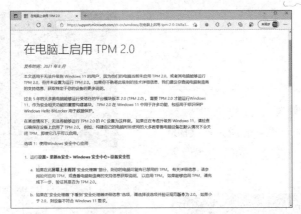

12.1.3 在电脑上启用 TPM 2.0

TPM（Trusted Platform Module）是电脑中的可信平台模块，是一个独立的、用于存储密钥的安全芯片，通过该模块，Windows 操作系统才能实现设备加密、BitLocker 加密等，提高设备的安全性，以保护用户的数据。目前 TPM 的最新版本为 2.0 版，是安装 Windows 11 操作系统的最低要求。

TPM 在默认情况下是关闭的，如果电脑的硬件满足 Windows 11 的安装要求，而提示"未检测到 TPM"，则可以尝试将其开启，具体操作步骤如下。

第1步 按【Windows+R】组合键，打开【运行】对话框，输入"tpm.msc"，单击【确定】按钮，如下图所示。

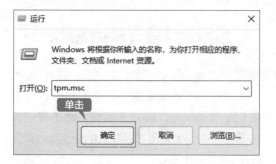

第2步 打开【本地计算机上受信任的平台模块（TPM）管理】窗口，如果提示"找不到兼容的 TPM"，则电脑可能禁用了 TPM，需要启用 TPM 确认是否为 2.0 版本，如下图所示。

第3步 按主机的电源键，启动主机后按【Delete】键，进入 BIOS 设置界面。按【F7】键进入【SETTINGS】（设置）界面，选择【安全】选项，如下图所示。

第4步 选择【Trusted Computing】（可信计算）选项，如下图所示。

第5步 选择【Security Device Support】（安全设备支持）选项，按【Enter】键，如下图所示。

第6步 在弹出的列表中将【Disabled】（禁用）更改为【Enabled】（启用），即可启用 TPM，按【F10】键保存并退出 BIOS，如下图所示。

第7步 进入 Windows 系统，再次打开【本地计算机上受信任的平台模块（TPM）管理】窗口，显示"TPM 已就绪，可以使用"，表示 TPM 已启用，如下图所示。

下面列举主流品牌主板开启 TPM 的设置方法，供读者参考，如表 12-2 所示。

表 12-2　主流品牌主板开启 TPM 的设置方法

品牌	平台	BIOS 界面中设置方法
华硕	Intel	单击【Advanced Mode】(高级模式)选项卡，选择【Advanced】(高级)→【PCH-FW Configuration】(芯片组－固件设置)选项，将【TPM device selection】(TPM 设备选择)设置为【Enable Firmware TPM】(启用固件 TPM)，按【F10】键进行保存
华硕	AMD	单击【Advanced Mode】(高级模式)选项卡，选择【Advanced】(高级)→【AMD fTPM configuration】(AMD fTPM 配置)选项，将【Selects TPM device】(选择 TPM 设备)设置为【Enable Firmware TPM】(启用固件 TPM)，按【F10】键进行保存
技嘉	Intel	单击【Settings】(设置)选项卡，选择【Miscellaneous】(杂项)，然后将【Intel Platform Trust Technology (PTT)】(英特尔平台信任技术)设置为【Enabled】(启用)，按【F10】键进行保存
技嘉	AMD	单击【Settings】(设置)选项卡，选择【Miscellaneous】(杂项)，然后将【AMD fTPM switch】(AMD fTPM 开关)设置为【Enabled】(启用)，按【F10】键进行保存
微星	Intel	单击【Advanced Mode】(高级模式)选项卡，选择【Security】(安全)→【Trusted Computing】(可信赖计算)，将【Security Device Support】(安全设备支持)设置为【Enabled】(启用)，按【F10】键进行保存
微星	AMD	单击【Advanced Mode】(高级模式)选项卡，选择【Settings】(设置)→【Security】(安全)→【Trusted Computing】(可信赖计算)，将【Security Device Support】(安全设备支持)设置为【Enabled】(启用)，按【F10】键进行保存
华擎	Intel	单击【Advanced Mode】(高级模式)选项卡，选择【Security】(安全)，将【Intel Platform Trust Technology (PTT)】(英特尔平台信任技术)设置为【Enabled】(启用)，按【F10】键进行保存
华擎	AMD	单击【Advanced】(高级)选项卡，选择【CPU Configuration】(CPU 配置)选项，将【AMD fTPM switch】(AMD fTPM 开关)设置为【Enabled】(启用)，按【F10】键进行保存

12.1.4　在电脑上启用安全启动

安全启动（Secure Boot）可以防止恶意软件的入侵。当电脑引导器被病毒修改后，安全启动会提醒并拒绝加载，避免病毒导致进一步损失。安装 Windows 11 操作系统要求电脑必须启用安全启动，否则将无法安装，如下图所示。

启用安全启动后，电脑无法安装其他系统，包括旧版本的 Windows 系统，如 Windows 10、Windows 7 等，关闭安全启动后方可安装。

下面以联想电脑为例，介绍在电脑上启用安全启动的方法。如果希望关闭安全启动，可以采用同样的方法，将对应参数由 Enabled 更改为 Disabled。

第1步 启动电脑，按【F2】键进入【BIOS】界面，选择【Security】选项卡，然后选择【Secure Boot】选项，按【Enter】键，如下图所示。

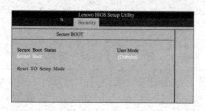

第2步 在弹出的对话框中，选择【Enabled】选项，如下图所示

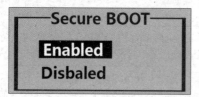

第3步 返回【Security】界面，即可看到【Secure Boot】选项已更改为【Enabled】，表示已经启用安全启动，如下图所示。

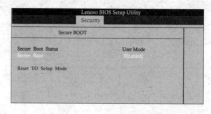

第4步 按【F10】键，在弹出的提示框中，选择【Yes】按钮，即可保存设置，如下图所示。

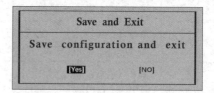

12.2　实战 2：通过更新推送升级 Windows 11

　　如果电脑符合升级条件，Windows 更新会推送升级提醒，提示"为 Windows 11 做好准备"，如下图所示。

　　用户收到推送的 Windows 11 更新后，电脑会自动下载更新内容，并显示下载进度。下载完成后，用户可以根据提示安装 Windows 11 系统，期间会重启电脑，直至电脑升级完成。

12.3 实战 3：通过 Windows 11 安装助手升级

如果电脑符合 Windows 11 的要求，但因为当前系统版本不支持或未收到 Windows 11 更新推送而无法升级，可以使用 Windows 11 安装助手升级。

Windows 11 安装助手会自动检测设备是否满足 Windows 11 的升级条件（检测内容包括当前系统是否有授权和许可证、系统版本是否在 Windows 10 v2004 以上、磁盘剩余空间是否不低于 9GB，电脑是否已联网）并自动执行升级，具体操作步骤如下。

第1步 打开微软官网，进入 Windows 11 下载页面，单击【Windows 11 安装助手】下方的【立即下载】按钮，下载该工具，如下图所示。

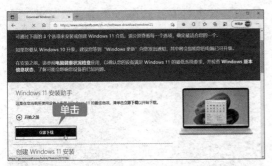

第2步 运行该程序，在打开的【Windows 11 安装助手】对话框中，单击【接受并安装】按钮，如下图所示。

第3步 安装助手会下载 Windows 11 安装镜像，如下图所示。

提示

从本步骤开始，升级过程都可以自动完成，无须时刻盯着电脑，其升级时间的长短主要取决于网络情况。为了便于读者了解其完整过程，以下步骤均对升级过程进行了详细介绍。

第4步 下载完成后，安装助手会对下载的镜像进行验证并显示进度，如下图所示。

第5步 验证完成后，安装助手即会开始安装 Windows 11 镜像，并显示安装进度，如下图所示。

第6步 当安装进度达到百分之百时，安装助手会在30分钟后重启电脑。用户也可以单击【立即重新启动】按钮，如下图所示。

第7步 弹出【即将注销你的登录】提示框，单击【关闭】按钮，如下图所示。

第8步 此时，电脑会重新启动，如下图所示。

第9步 重新启动后，电脑屏幕上会显示更新的进度，期间电脑可能会重启，如下图所示。

第10步 更新完成后，即可进入锁屏界面。如果系统有开机密码，则输入密码进行登录，如下图所示。

第11步 登录后，屏幕上会显示如下图所示的画面，Windows 11 系统将自动进行一些设置，等待即可。

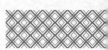

第12步 完成后，即可进入 Windows 11 系统桌面，此时系统已升级完成，如下图所示。

12.4 实战 4：通过创建 Windows 11 系统安装媒体工具制作启动盘

如果希望在电脑上全新安装 Windows 11 操作系统，则可以使用 Windows 11 系统的媒体创建工具。媒体创建工具可以下载 Windows 11 镜像并自动创建启动盘。

使用该工具需要准备一个容量为 8GB 或以上的 U 盘或 DVD。如果电脑有 USB 3.0 端口，建议选用 USB 3.0 的 U 盘，速度会更快，具体操作方法如下。

第1步 打开微软官网的 Windows 11 下载页面，在【创建 Windows 11 安装】区域下，单击【立即下载】按钮，下载创建工具，如下图所示。

第2步 将 U 盘插入电脑 USB 接口，并运行下载的程序，在打开的对话框中，单击【接受】

按钮，如下图所示。

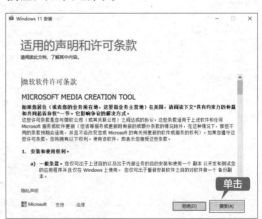

第3步 保持默认选项不变，单击【下一页】按钮，如下图所示。

第4步 选中【U 盘】单选按钮，并单击【下一页】按钮，如下图所示。

第5步 在可移动驱动器列表中，选择要使用的 U 盘，单击【下一页】按钮，如下图所示。

第6步 此时该工具会开始下载 Windows 11 安装镜像，并显示下载进度，如下图所示。

第7步 下载完成后，即会创建 Windows 11 介质，如下图所示。

第8步 进入【你的 U 盘已准备就绪】界面，单击【完成】按钮，如下图所示。

第9步 打开 U 盘即可看到 Windows 11 系统的安装文件，如下图所示。

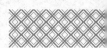

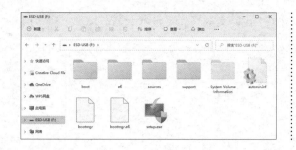

|提示|

U 盘启动盘制作完成后，将其连接到安装机的设备上，通过 BIOS 修改启动项指定 U 盘为第一启动项，即可进行装机，具体方法将在 13.6 节介绍。

12.5 实战 5：下载 Windows 11 的 ISO 镜像文件

除了上述三种方法，用户还可以直接下载 Windows 11 系统官方版的 ISO 镜像文件，镜像文件可以用于升级系统、制作 U 盘或 DVD 光盘引导，用户也可以将 ISO 镜像文件安装到虚拟机中体验 Windows 11 系统。

第1步 打开微软官网的 Windows 11 下载页面，在【下载 Windows 11 磁盘映像 (ISO)】区域下，单击【选择下载项】下拉按钮，在弹出的列表中选择要下载的版本，如 "Windows 11"，如下图所示。

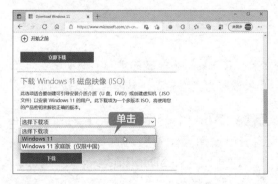

第2步 单击【下载】按钮，即可下载 ISO 镜像文件，如下图所示。

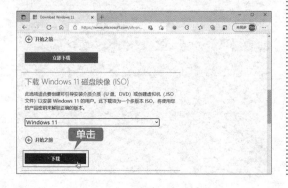

第3步 下载完成后，即可得到一个 ".iso" 后缀的文件，如下图所示。

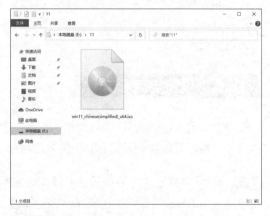

第4步 双击该文件，即可将其装载为 DVD 驱动器，并打开该文件，如下图所示。

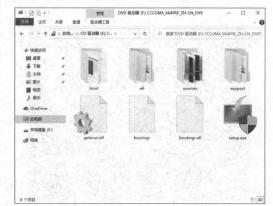

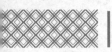
第5步 双击【setup.exe】图标,即可启动 Windows 11 的安装程序,打开安装对话框,将当前系统升级为 Windows 11,如下图所示。

另外,也可以将镜像文件制作为 U 盘启动盘,具体方法可以参照第 13 章的"高手支招"。

12.6 实战 6:全新安装 Windows 11 操作系统

前面介绍的升级或安装 Windows 11 的 4 种方法适用于在系统能正常运行的情况下对当前系统进行升级。如果要在新硬盘中安装 Windows 11 或希望全新安装 Windows 11,则可以采用以下方法进行安装。

12.6.1 设置电脑 BIOS

使用光盘或 U 盘安装 Windows 11 操作系统之前,首先需要将电脑的第一启动项设置为光驱启动,用户可以通过设置 BIOS 将电脑的第一启动项设置为光驱启动,具体操作步骤如下。

第1步 按主机的开机键,在首界面按【Delete】键,进入 BIOS 设置界面。选择【BIOS 功能】选项,在下方【选择启动优先顺序】列表中单击【启动优先权 #1】后的 SATA S... 按钮或按【Enter】键,如下图所示。

第2步 弹出【启动优先权 #1】对话框,在列表中选择要优先启动的介质,这里选择【UEFI:KingstonDataTraveler 3.00000】选项,如下图所示。

| 提示 | ::::::::

　　不同 U 盘的名称是不一样的，一般 U 盘名称中会包含 U 盘的品牌名。

　　另外，如果启动优先权中没有 U 盘驱动器的选项，可以在【BIOS 功能】下的【硬盘设备 BBS 优先权】选项中，设置 U 盘驱动器的优先权。

第3步 此时，即可看到 U 盘驱动器已被设置为第一启动项，如下图所示。

第4步 按【F10】键，弹出【储存并离开 BIOS 设定】对话框，单击【是】按钮，完成 BIOS 设置，此时即完成了将 U 盘设置为第一启动项的操作，再次启动电脑时将从 U 盘启动。

12.6.2　安装系统

　　设置 BIOS 启动项之后，即可开始使用 U 盘安装 Windows 11 操作系统。

第1步 将 U 盘插入电脑 USB 接口，按电脑电源键，屏幕中出现 "Start booting from USB device…" 提示，如下图所示。

| 提示 | ::::::::

　　部分电脑可能不显示以上提示，直接加载 U 盘中的安装程序。

第2步 即可开始加载 Windows 11 安装程序，进入启动界面，此时用户不需要执行任何操作，如下图所示。

第3步 启动完成后，将会弹出【Windows 安装程序】界面，保持默认选项，单击【下一页】按钮，如下图所示。

第4步 进入如下图所示的界面，如果要立即安装 Windows 11，则单击【现在安装】按钮，如果要修复系统错误，则单击【修复计算机】选项，这里单击【现在安装】按钮。

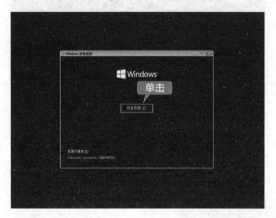

第5步 进入【激活 Windows】界面，输入购买 Windows 11 系统时微软公司提供的密钥，单击【下一页】按钮，如下图所示。

提示

密钥一般在产品包装背面或电子邮件中。

第6步 进入【选择要安装的操作系统】界面，选择要安装的版本，这里选择【Windows 11 专业版】，单击【下一页】按钮，如下图所示。

第7步 进入【适用的声明和许可条款】界面，勾选复选框接受许可条款，然后单击【下一页】按钮，如下图所示。

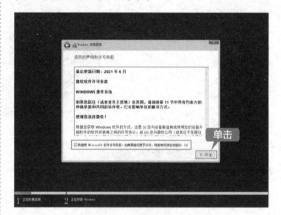

第8步 进入【你想执行哪种类型的安装？】界面，如果要采用升级的方式安装，可以单击【升级】选项。这里单击【自定义】选项，如下图所示。

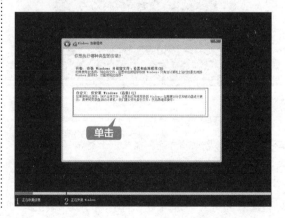

12.6.3 硬盘分区

在安装 Windows 11 系统的过程中，通常需要选择安装位置，默认情况下系统会安装在 C 盘中，当然，用户也可以将其自定义安装到其他盘中，如果其他盘中有其他文件，还需要将分区格式化处理。如果硬盘没有分区，则首先需要将硬盘分区，然后选择系统盘 C 盘。

第1步 进入【你想将 Windows 安装在哪里？】界面，如果硬盘是没有分区的新硬盘，首先要进行分区操作；如果是已经分区的硬盘，只需要选择要安装的硬盘分区即可。这里单击【新建】按钮，如下图所示。

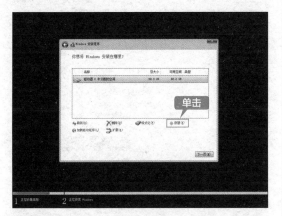

第2步 即可在下方显示设置分区大小的参数，在【大小】文本框中输入"61440"，单击【应用】按钮，如下图所示。

| 提示 |

1GB=1024MB，61440MB 为 60GB。对于 Windows 11 操作系统，建议系统盘容量在 60～120GB。

第3步 弹出提示框，提示用户"若要确保 Windows 的所有功能都能正常使用，Windows 可能要为系统文件创建额外的分区"，单击【确定】按钮，如下图所示。

第4步 即可看到新建的分区，选中要安装系统的分区"分区 3"，单击【下一页】按钮，如下图所示。

12.6.4 安装设置

选择系统的安装位置后，即可开始安装 Windows 11 系统，安装完成后，还需要对系统进行设置才能进入 Windows 11 桌面。

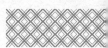

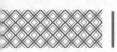

第1步 进入【正在安装 Windows】界面，程序自动执行复制 Windows 文件、准备要安装的文件、安装功能、安装更新等操作。此时，用户只需等待自动安装即可，如下图所示。

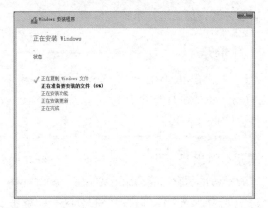

第2步 安装完毕后，将弹出【Windows 需要重启才能继续】界面，可以单击【立即重启】按钮或等待系统 10 秒后自动重启，如下图所示。

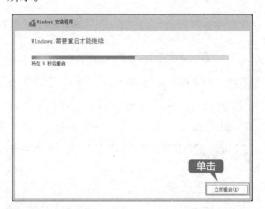

第3步 电脑重启后，需要等待系统进行进一步安装设置，此时用户不需要执行任何操作，如下图所示。

第4步 系统准备就绪后进入设置界面，选择所在的国家，然后单击【是】按钮，如下图所示。

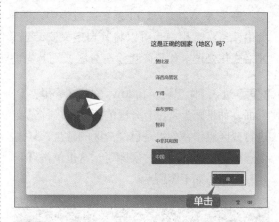

第5步 选择要使用的输入法，单击【是】按钮，如下图所示。

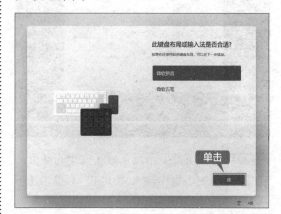

第6步 进入【是否想要添加第二种键盘布局？】界面，如果需要添加则单击【添加布局】按钮，如果不需要则单击【跳过】按钮，如下图所示。

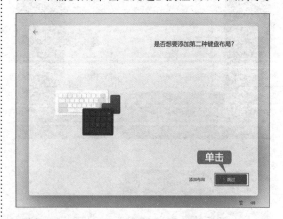

第7步 进入【命名电脑】界面，设置电脑的名称，然后单击【下一个】按钮，如下图所示。

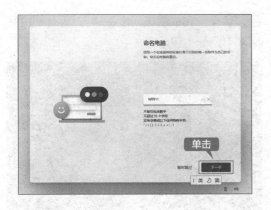

> **| 提示 |**
>
> 安装设置完成后，将产生一个以该名称命名的用户文件夹。

第8步 进入【你想要如何设置此设备？】界面，选择个人或组织账户，这里选择【针对个人使用进行设置】选项，然后单击【下一步】按钮，如下图所示。

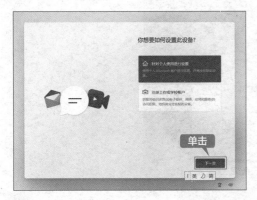

第9步 进入【谁将使用此设备？】界面，设置使用者姓名，然后单击【下一页】按钮，如下图所示。

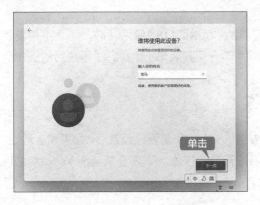

第10步 进入【创建容易记住的密码】界面，设置电脑的密码，然后单击【下一页】按钮，如下图所示。

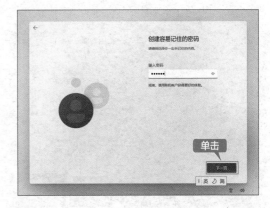

第11步 进入【确认你的密码】界面，确认设置的密码，然后单击【下一页】按钮，如下图所示。

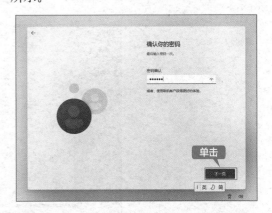

第12步 进入【现在添加安全问题】界面，可以在问题列表中选择问题并设置答案，方便以后找回密码，然后单击【下一页】按钮，如下图所示。

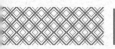

第13步 3 个安全问题设置完成后，进入【为你的设备选择隐私设置】界面，根据需要进行设置，然后单击【下一页】按钮，如下图所示。

第14步 设置完成后进入准备状态，等待一段时间即可，如下图所示。

第15步 至此，就完成了 Windows 11 操作系统的安装操作，进入 Windows 11 系统桌面，如下图所示。

12.7 实战 7：安装 Windows 11 后的工作

升级或安装 Windows 11 操作系统后，可以查看 Windows 11 的激活状态，如果不希望使用 Windows 11 系统，还可以回退到升级前的系统，本节介绍安装 Windows 11 系统后的工作。

12.7.1 查看 Windows 11 的激活状态

升级或安装 Windows 11 操作系统后，可以查看 Windows 11 是否已经激活，如果没有激活，将会影响操作系统的正常使用，用户需要根据提示进行激活操作。下面介绍查看 Windows 11 激活状态的具体操作步骤。

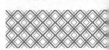

第1步 按【Windows+I】组合键，打开【设置】面板，单击【系统】→【激活】选项，如下图所示。

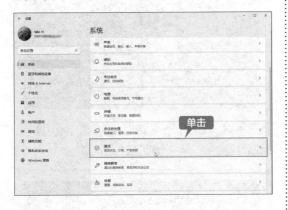

第2步 进入【激活】界面，即会显示 Windows 11 操作系统的激活状态，如下图所示。如果激活状态显示为"活动"，则表示安装的 Windows 11 操作系统处于激活状态。

12.7.2 查看系统的版本信息

Windows 11 包含很多版本，用户可以查看当前系统的版本号，具体操作步骤如下。

第1步 按【Windows+I】组合键，打开【设置】面板，单击【系统】→【关于】选项，如下图所示。

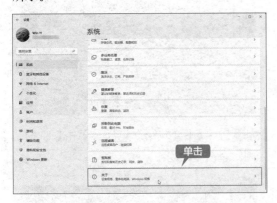

第2步 在【Windows 规格】区域中，显示了当前的版本信息，其中"21H2"即为当前的版本号，如下图所示。

12.7.3 回退到 Windows 10 系统

从 Windows 10 系统升级到 Windows 11 系统后，如果对 Windows 11 系统不满意，可以回退到 Windows 10 系统。回退后系统仍然保持激活状态。

1. 回退需要满足的条件

如果要回退到升级前的系统，需要满足以下条件。

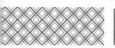

（1）升级到 Windows 11 操作系统时生成的 Windows.old 文件夹没有被删除，如果该文件夹已被删除，则不能执行回退操作。

（2）在升级到 Windows 11 操作系统后，回退功能有效期为 10 天，只能在升级后的 10 天内执行回退操作。

2. 回退操作

Windows 11 操作系统提供了回退功能，可以方便地将升级后的系统回退到升级前的版本，具体操作步骤如下。

第1步 按【Windows+I】组合键，打开【设置】面板，单击【系统】→【恢复】选项，如下图所示。

第2步 进入【恢复】界面，在【恢复选项】区域下，单击【返回】按钮，如下图所示。

第3步 弹出【回退到 Windows 10】对话框，选择回退的原因，然后单击【下一页】按钮，如下图所示。

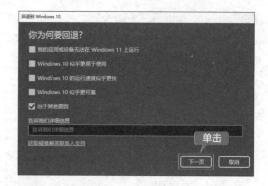

第4步 进入【要检查更新吗？】界面，单击【不，谢谢】按钮，如下图所示。

第5步 进入【你需要了解的内容】界面，阅读后单击【下一页】按钮，如下图所示。

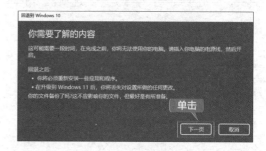

第6步 进入【不要被锁定】界面，单击【下一页】按钮，如下图所示。

第7步 进入【感谢试用 Windows 11】界面，单击【回退到 Windows 10】按钮，如下图所示。

第 9 步 此时电脑开始执行回退，如下图所示。

正在还原前一版本的 Windows...

> **提示**
>
> 回退的全过程需要有稳定的电源支持，否则将回退失败，笔记本和平板电脑需要在接入电源线的状态下执行回退操作，电池模式下不允许回退。

第 8 步 系统将会自动重启，如下图所示。

正在重新启动

第 10 步 回退结束后，即可重新进入 Windows 10 系统桌面，如下图所示。

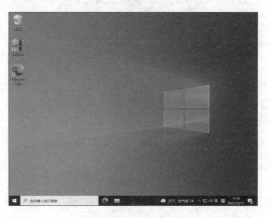

◇ 清理系统升级的遗留数据

升级到 Windows 11 系统后，系统盘下会产生一个"Windows.old"文件夹，如下图所示。该文件夹内保留了升级前系统的相关数据，不仅占用大量系统盘空间，也无法直接删除，如果不需要执行回退操作，可以使用磁盘工具将其清除，节省磁盘空间。

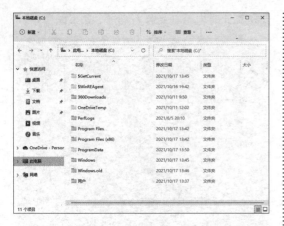

清理系统升级遗留数据的具体操作步骤如下。

第1步 打开【此电脑】窗口，在系统盘上右击，在弹出的快捷菜单中单击【属性】命令，如下图所示。

第2步 弹出【Windows（C:）属性】对话框，单击【常规】选项卡下的【磁盘清理】按钮，如下图所示。

第3步 弹出【磁盘清理】对话框，系统将开始扫描系统盘，如下图所示。

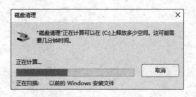

第4步 扫描完成后，弹出【磁盘清理】对话框，单击【清理系统文件】按钮，如下图所示。

第5步 再次扫描系统盘后，在【要删除的文件】列表中勾选【以前的 Windows 安装文件】复选框，然后单击【确定】按钮，如下图所示。

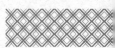
第6步 弹出【磁盘清理】提示框，单击【删除文件】按钮，即可进行清理，如下图所示。

◇ **进入 Windows 11 安全模式**

Windows 11 在安全模式下可以在不加载第三方设备驱动程序的情况下启动电脑，使电脑运行在系统最小模式，这样用户就可以方便地检测与修复系统的错误。下面介绍在 Windows 11 操作系统中进入安全模式的操作步骤。

第1步 按【Windows+I】组合键，打开【设置】面板，单击【系统】→【恢复】选项，如下图所示。

第2步 进入【恢复】界面，在【恢复选项】区域下，单击【立即重新启动】按钮，如下图所示。

第3步 弹出提示框，单击【立即重启】按钮，如下图所示。

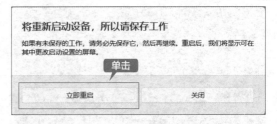

第4步 电脑重启后，进入【选择一个选项】界面，单击【疑难解答】选项，如下图所示。

| 提示 |

在 Windows 11 系统中，按住【Shift】键的同时依次选择【电源】→【重新启动】选项，也可以进入该界面。

第5步 进入【疑难解答】界面，单击【高级选项】选项，如下图所示。

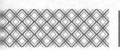

第6步 进入【高级选项】界面,单击【启动设置】选项,如下图所示。

第7步 进入【启动设置】界面,单击【重启】按钮,如下图所示。

第8步 系统重启后进入如下图所示的界面,按【F4】键或数字【4】键选择【启用安全模式】。

| 提示 |

如果需要使用 Internet,可以按【F5】键或数字【5】键进入"带网络连接的安全模式"。

第9步 电脑重启后,进入安全模式,如下图所示。

第13章

高手进阶——系统备份与还原

本章导读

在电脑的使用过程中，可能会发生意外情况导致系统文件丢失。例如，系统遭受病毒和木马的攻击，导致系统文件丢失，或者有时不小心删除了系统文件等，都有可能导致系统崩溃或无法进入操作系统，这时用户就不得不重装系统。如果系统进行了备份，可以直接将其还原，以节省时间。本章将介绍如何对系统进行备份、还原和重装。

思维导图

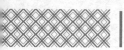

13.1 实战1：系统保护与系统还原

Windows 11 操作系统中内置了系统保护功能，并默认开启保护系统文件和设置的相关信息，当系统出现问题时，可以方便地恢复到创建还原点时的状态。

13.1.1 重点：系统保护

要保护系统，需要开启系统的还原功能，并创建还原点。

1. 开启系统还原功能

开启系统还原功能的具体操作步骤如下。

第1步 右击桌面上的【此电脑】图标，在打开的快捷菜单中单击【属性】命令，如下图所示。

第2步 在打开的窗口中，单击【系统保护】选项，如下图所示。

第3步 弹出【系统属性】对话框，在【保护设置】列表框中选择系统所在的分区，并单击【配置】按钮，如下图所示。

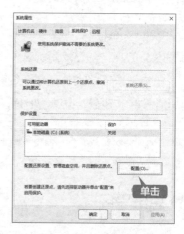

第4步 弹出【系统保护本地磁盘】对话框，选中【启用系统保护】单选按钮，调整【最大使用量】滑块到合适的位置，然后单击【确定】按钮，如下图所示。

2. 创建系统还原点

用户开启系统还原功能后，默认打开保护系统文件和设置的相关信息，保护系统。用户也可以创建系统还原点，当系统出现问题时，可以方便地恢复到创建还原点时的状态。

第1步 在打开的【系统属性】对话框中，选择【系统保护】选项卡，然后选择系统所在的分区，单击【创建】按钮，如下图所示。

第2步 弹出【系统保护】对话框，在文本框中输入还原点的描述信息，单击【创建】按钮，如下图所示。

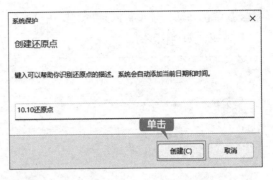

第3步 即可开始创建还原点，如下图所示。

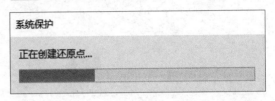

第4步 创建完毕后，将弹出"已成功创建还原点"提示信息，单击【关闭】按钮即可，如下图所示。

13.1.2 重点：系统还原

在为系统创建好还原点之后，如果系统遭到病毒或木马的攻击，导致系统不能正常运行，可以将系统恢复到指定还原点。

第1步 打开【系统属性】对话框，在【系统保护】选项卡下，单击【系统还原】按钮，如下图所示。

第2步 弹出【系统还原】对话框，单击【下一页】按钮，如下图所示。

第3步 进入【将计算机还原到所选事件之前的状态】界面，选择合适的还原点，一般选择距离出现故障时间最近的还原点即可，单击【扫描受影响的程序】按钮，如下图所示。

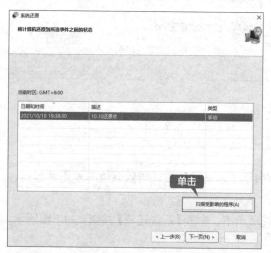

第4步 弹出"正在扫描受影响的程序和驱动程序"提示信息，如下图所示。

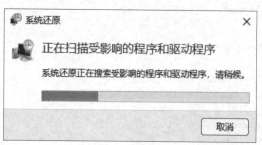

第5步 扫描完成后，将显示详细的被删除的程序和驱动信息，用户可以查看所选择的还原点是否正确，如果不正确，可以返回重新操作，如下图所示。

第6步 单击【关闭】按钮，返回【将计算机还原到所选事件之前的状态】界面，如果确认还原点选择正确，则单击【下一页】按钮，进入【确认还原点】界面，如下图所示。

第7步 如果确认操作无误，则单击【完成】按钮，弹出提示框，提示"启动后，系统还原不能中断。你希望继续吗？"，单击【是】按钮，如下图所示。

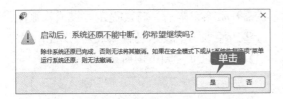

第8步 弹出【系统还原】提示框，显示还原进度，如下图所示。

第9步 准备完成后电脑即会重启，如下图所示。

第10步 重启后，电脑会进行系统还原，如下图所示。

第11步 系统还原完成后，电脑会重新启动，如下图所示。

第12步 启动并登录到桌面后，将会弹出系统还原提示框，提示"系统还原已成功完成"，单击【关闭】按钮，即可完成将系统恢复到指定还原点的操作，如下图所示。

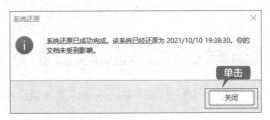

另外，如果用户要删除还原点，可以执行以下操作。

第1步 参照 13.1.1 节，打开【系统保护本地磁盘】对话框，单击【删除】按钮，如下图所示。

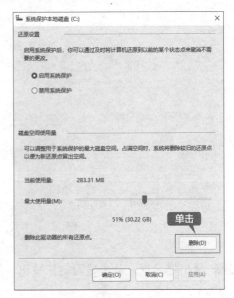

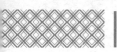
第2步 弹出【系统保护】对话框,单击【继续】按钮,如下图所示。

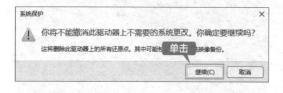

第3步 删除完毕后,将会提示"已成功删除这些还原点",表示已删除成功,单击【关闭】按钮即可,如下图所示。

13.2 实战 2:使用一键 GHOST 备份与还原系统

使用一键 GHOST 的一键备份和一键还原功能来备份和还原系统是非常便利的,本节将介绍如何使用一键 GHOST 备份与还原系统。

13.2.1 重点:一键备份系统

使用一键 GHOST 备份系统的具体操作步骤如下。

第1步 下载并安装一键 GHOST 后,即可打开【一键备份系统】窗口,此时一键 GHOST 开始初始化。初始化完毕后,将自动选中【一键备份系统】单选按钮,单击【备份】按钮,如下图所示。

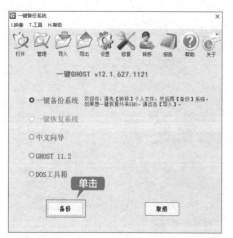

第2步 弹出提示框,单击【确定】按钮,如下图所示。

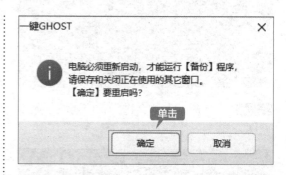

第3步 系统重新启动,并自动打开 GRUB4DOS 菜单,在其中选择第一个选项,表示启动一键 GHOST,如下图所示。

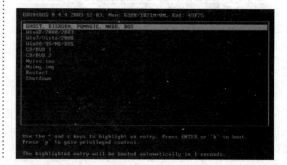

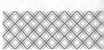

第4步 系统自动选择完毕后，进入 MS-DOS 一级菜单界面，在其中选择第一个选项，表示在 DOS 安全模式下运行 GHOST 11.2，如下图所示。

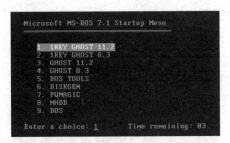

第5步 选择完毕后，进入 MS-DOS 二级菜单界面，在其中选择第一个选项，表示支持 IDE/SATA 兼容模式，如下图所示。

第6步 弹出【一键备份系统】警告窗口，提示用户开始备份系统。选择【备份】选项，如下图所示。

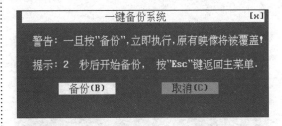

第7步 即可开始备份系统，如下图所示。

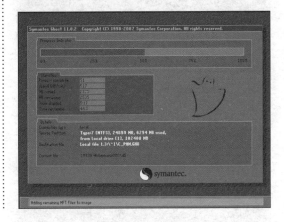

13.2.2 重点：一键还原系统

使用一键 GHOST 还原系统的具体操作步骤如下。

第1步 打开【一键备份系统】窗口，选中【一键恢复系统】单选按钮，单击【恢复】按钮，如下图所示。

第2步 弹出提示框，提示用户电脑必须重新启动，才能运行恢复程序。单击【确定】按钮，如下图所示。

第3步 系统重新启动，并自动打开 GRUB4DOS 菜单，在其中选择第一个选项，表示启动一键 GHOST，如下图所示。

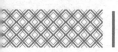
第4步 系统自动选择完毕后，进入 MS-DOS 一级菜单界面，在其中选择第一个选项，表示在 DOS 安全模式下运行 GHOST 11.2，如下图所示。

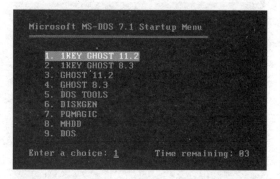

第5步 选择完毕后，进入 MS-DOS 二级菜单界面，在其中选择第一个选项，表示支持 IDE/SATA 兼容模式，如下图所示。

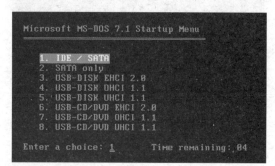

第6步 根据磁盘是否存在映像文件，将会从主窗口自动打开【一键恢复系统】警告窗口，提示用户开始恢复系统。选择【恢复】选项，即可开始恢复系统，如下图所示。

第7步 此时开始恢复系统，如下图所示。

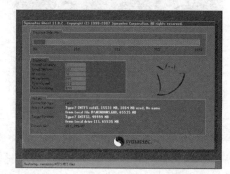

第8步 系统还原完毕后，将打开一个提示框，提示用户恢复成功，单击【Reset Computer】按钮重启电脑，然后选择从硬盘启动，即可将系统恢复到以前的系统，如下图所示。至此，就完成了使用GHOST工具还原系统的操作。

13.3 实战 3：重置电脑

重置电脑可以在电脑出现问题时方便地将系统恢复到初始状态，而不需要重装系统。

13.3.1 重点：在可正常开机状态下重置电脑

在可以正常开机并进入 Windows 11 操作系统的状态下重置电脑的具体操作步骤如下。

第1步 按【Windows+I】组合键，进入【设置】面板，选择【系统】→【恢复】选项进入其界面，单击【恢复选项】区域下的【初始化电脑】按钮，如下图所示。

第2步 弹出【选择一个选项】界面，选择【保留我的文件】选项，如下图所示。

第3步 进入【你希望如何重新安装 Windows？】界面，选择【本地重新安装】选项，如下图所示。

第4步 进入【其他设置】界面，单击【下一页】按钮，如下图所示。

第5步 进入【准备就绪，可以初始化这台电脑】界面，单击【重置】按钮，如下图所示。

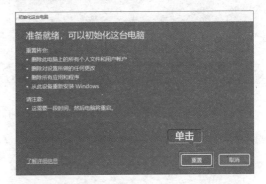

第6步 此时，电脑即会准备重置，如下图所示。

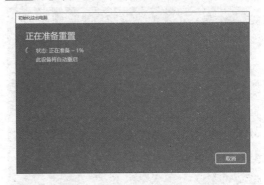

第7步 电脑重新启动后，即会开始重置，如下图所示。

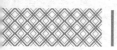

第8步 重置完成后会进入 Windows 设置界面，用户可以根据情况进行设置，如下图所示。

第9步 安装并设置完成后自动进入 Windows 11 桌面，如下图所示。

13.3.2 重点：在可开机无法进入系统状态下重置电脑

如果 Windows 11 操作系统出现错误，开机后无法进入系统，可以在不进入系统的状态下重置电脑，具体操作步骤如下。

第1步 无法正常进入系统时，可进入如下图所示的界面，单击【疑难解答】选项。

第2步 进入【疑难解答】界面，单击【重置此电脑】选项，如下图所示。

其后的操作与在可正常开机状态下重置电脑的操作相同，这里不再赘述。

◇ **将 U 盘制作为系统安装盘**

如果用户需要使用 U 盘启动盘，首先要制作 U 盘启动盘。制作 U 盘启动盘的工具有多种，

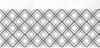

这里将介绍比较简单的 U 盘启动盘制作工具 U 启动，该工具最大的优势是用户不需要有任何技术基础，一键制作，自动完成，U 盘平时可以正常使用，必要时就是修复盘，完全不需要光驱和光盘，携带方便。

制作 U 盘启动盘的具体操作步骤如下。

第1步 把准备好的 U 盘插在电脑 USB 接口上，打开"U 启动"U 盘启动盘制作工具，在弹出的工具主界面中，选择【默认模式（隐藏启动）】选项，在【选择设备】中选择需要制作启动盘的 U 盘，其他选项保持默认设置，单击【开始制作】按钮，如下图所示。

第2步 弹出【U 启动－警告信息】对话框，单击【确定】按钮，制作过程中会删除 U 盘上的所有数据，因此在制作启动盘之前，需要把 U 盘上的资料备份一份，如下图所示。

第3步 开始写入启动的相关数据，并显示写入的进度，如下图所示。

第4步 制作完成后弹出提示框，提示启动 U 盘已制作完成，如果需要在模拟器中测试，可以单击【是】按钮，如下图所示。

第5步 弹出 U 启动软件的系统安装模拟器，用户可以通过模拟操作，验证 U 盘启动盘是否制作成功，如下图所示。

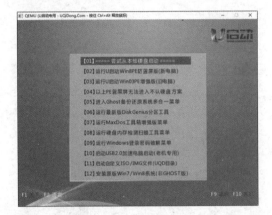

第6步 在电脑中打开 U 盘启动盘，可以看到其中有"GHO"和"ISO"两个文件夹，如果安装的系统文件为 GHO 文件，则将其放入"GHO"文件夹中；如果安装的系统文件为 ISO 文件，则将其放入"ISO"文件夹中。至此，U 盘启动盘制作完毕，如下图所示。

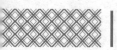

◇ 修复重装系统启动菜单

如果电脑出现系统启动菜单混乱或缺失的问题，可以对其进行修复，修复重装系统启动菜单的具体操作步骤如下。

第1步 进入 Windows 11 操作系统，下载并运行 EasyBCD 软件，如下图所示。

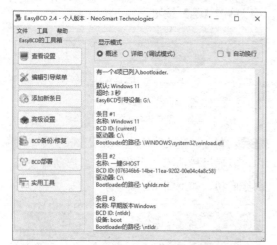

第2步 在 EasyBCD 软件界面左侧单击【编辑引导菜单】按钮，在界面右侧条目列表中显示了当前开机的引导菜单，用户可以修改默认启动项、修改条目名称、设置引导菜单停留时间等。例如，选择"OneKey Ghost"，单击【删除】按钮，如下图所示。

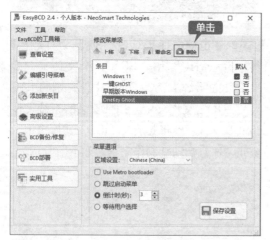

第3步 弹出【确认删除吗？】提示框，单击【是】按钮，如下图所示。

第4步 即可将该引导菜单项删除，如果要修改默认启动菜单，则勾选该菜单名称右侧的复选框，即可完成修改。完成后，单击【保存设置】按钮，如下图所示。